模糊信息系统的
图表示与图决策理论及其应用

王 倩 著

北 京

冶 金 工 业 出 版 社

2022

内 容 提 要

信息系统中知识的表示、决策及有效处理是大数据和人工智能研究的重要问题之一。本书利用模糊形式概念分析及粒计算等手段，对信息系统的模糊图表示及图决策理论进行分析，提出了图论在信息系统表示和在决策中的应用。本书主要内容包括信息系统的定义及相关概念、模糊信息系统与模糊超图的等价表示及其构造、模糊形式背景与模糊超图的等价表示及其数学结构、粒计算模糊超图模型的构造及应用、模糊合作博弈解的定义及其性质等。

本书可作为模糊数学、运筹学、信息科学和管理科学与工程等领域的研究人员和工程技术人员的参考书，以及高等院校有关专业师生的教学用书。

图书在版编目（CIP）数据

模糊信息系统的图表示与图决策理论及其应用/王倩著. —北京：冶金工业出版社，2021.8（2022.7 重印）

ISBN 978-7-5024-8870-3

Ⅰ.①模… Ⅱ.①王… Ⅲ.①模糊图像—图像处理 Ⅳ.①TP75 ②TN911.73

中国版本图书馆 CIP 数据核字（2021）第 140183 号

模糊信息系统的图表示与图决策理论及其应用

出版发行	冶金工业出版社	电　话	(010)64027926
地　址	北京市东城区嵩祝院北巷 39 号	邮　编	100009
网　址	www.mip1953.com	电子信箱	service@ mip1953.com

责任编辑　王　双　美术编辑　彭子赫　版式设计　禹　蕊
责任校对　石　静　责任印制　李玉山
北京虎彩文化传播有限公司印刷
2021 年 8 月第 1 版，2022 年 7 月第 2 次印刷
710mm×1000mm　1/16；7.5 印张；151 千字；111 页
定价 54.00 元

投稿电话　(010)64027932　投稿信箱　tougao@cnmip.com.cn
营销中心电话　(010)64044283
冶金工业出版社天猫旗舰店　yjgycbs.tmall.com
（本书如有印装质量问题，本社营销中心负责退换）

前　言

　　受信息技术的飞速发展及其他学科中数据处理的需求所驱动，信息系统中有效数据提取及问题决策的研究已成为应用数学中热点研究的领域之一。自然地，对于含有不确定的、模糊的、不完整的、海量信息的模糊信息系统上的信息表示和决策也越来越受到学者的重视。众所周知，在模糊信息系统中往往含有大量冗余和不确定性数据，从而导致模式分类的处理能力与决策的辨识能力的降低。为了解决这类问题，粗糙集理论、形式概念分析、粒计算等理论作为处理系统中信息不确定性问题的有效工具应运而生。不同理论模型解决问题的初衷和解决问题的方法不尽相同，它们各有特色，但都有一个共同的特点，就是问题空间的结构化处理，即在处理实际复杂问题时，它们都是首先建立分层递阶知识空间结构，然后自顶向下在不同层次上获取知识，再自底向上合成得到原问题满足一定精度要求的解。对于结构化问题的研究，图论具有其他方法不可比拟的优势。基于图建立和分析信息系统的数学模型，既是对信息系统很好的表示，又能方便地对信息系统结构的建立、转换进行操作。虽然基于图论对信息系统的表示与决策已有很多研究成果，但是这些研究工作主要集中于分明图的情形。而基于模糊超图对信息系统图决策，尚未见到过综合性的成果，其原因主要是对模糊超图的结构，如积运算、联运算、并运算等问题没有相应的研究结果。作为一个新的研究课题，在研究模糊超图结构的基础上，本书提出了信息系统中模糊形式概念分析及粒计算的模糊图表示方法。同时，基于模糊超图的结构性质，作为应用，对模糊合作博弈理论分配函数及模糊社会网络的中心度进行了分析。

　　本书将主要对近年来国内外学者, 特别是作者本人在模糊信息系统的图表示与图决策模型和方法等最新研究成果进行系统的介绍。本书共分为 6 章。第 1 章为绪论, 主要介绍与信息系统、模糊图及模糊超图、模糊合作博弈有关的理论知识。第 2 章主要介绍模糊超图的运算图, 在讨论模糊超图定义的基础上, 借助超图的积运算、联运算、并运算的结果, 给出模糊超图的积运算、联运算、并运算的刻画定理。第 3 章主要介绍模糊信息系统、模糊形式背景及模糊超图的等价表示。第 4 章主要介绍粒计算的模糊超图模型以及粒计算的超图划分模型。第 5 章主要介绍模糊合作博弈的解, 给出了收益为模糊数的分配函数表示定理。第 6 章主要介绍模糊社会网络的中心度, 在定义基于模糊超图的模糊社会网络的基础上, 给出了节点中心度、相对节点中心度、紧密中心度、相对紧密中心度、间距中心度和相对间距中心度的定义和刻划, 并通过实例加以说明。

　　本书可作为模糊数学、运筹学、信息科学和管理科学与工程等领域的研究人员和工程技术人员的参考书, 也可供高等院校有关专业师生教学使用。

　　本书由西北民族大学运筹学与控制论创新团队和中央高校基本科研业务费项目 (项目号: 31920200065) 资助出版。在本书编写过程中参考借鉴了一些学者研究成果, 在本书参考文献中已一一列出相关文献信息, 在此一并表示感谢!

　　由于作者水平有限, 书中不足之处, 恳请读者批评指正。

王　倩

2020 年 1 月

目　　录

1 绪论 ··· 1

　　1.1 概述 ··· 1

　　1.2 预备知识 ··· 11

　　　　1.2.1 信息系统 ······································ 11

　　　　1.2.2 模糊图及模糊超图 ······························ 12

　　　　1.2.3 模糊合作博弈理论 ······························ 16

2 模糊超图的运算图 ·· 19

　　2.1 超图的运算图 ··· 20

　　2.2 模糊超图的积运算 ····································· 21

　　2.3 模糊超图的联运算、并运算 ····························· 25

　　2.4 本章小结 ··· 31

3 模糊超图与模糊信息表、模糊形式背景的等价表示 ············· 33

　　3.1 模糊形式概念分析 ····································· 34

　　3.2 模糊形式背景与模糊信息表的等价表示 ··················· 34

　　3.3 模糊超图与模糊信息表、模糊形式背景的等价表示 ··········· 36

　　　　3.3.1 模糊超图与模糊信息表 ························· 36

　　　　3.3.2 模糊形式背景与模糊超图 ······················· 37

　　3.4 模糊超图系统 ··· 38

　　3.5 本章小结 ··· 43

4 模糊超图与信息系统的粒计算 ······························· 44

　　4.1 商空间理论 ··· 45

4.2　基于图的粒计算 …………………………………………………47

4.3　信息系统的粒计算模糊超图模型 …………………………………48

4.3.1　模型的建立 ………………………………………………48

4.3.2　信息系统的商空间结构 ……………………………………51

4.4　信息系统的粒计算超图划分模型 …………………………………55

4.4.1　模型的建立 ………………………………………………55

4.4.2　不同粒结构之间的关系 ……………………………………58

4.5　本章小结 ……………………………………………………66

5　基于图的模糊合作博弈及其模糊分配函数 ……………………………68

5.1　模糊数空间的运算 …………………………………………………69

5.2　基于图的模糊合作博弈结构 ………………………………………71

5.3　模糊合作博弈的分配函数 …………………………………………76

5.4　模糊 Shapley 分配函数及模糊 Banzhaf 分配函数 ………………81

5.5　本章小结 ……………………………………………………87

6　基于模糊超图模型的模糊社会网络中心度决策 ………………………88

6.1　基于模糊图的模糊社会网络定义及其性质 ………………………88

6.1.1　模糊社会网络的定义 ………………………………………89

6.1.2　基于模糊图的模糊社会网络的定义 …………………………90

6.1.3　基于模糊图的模糊社会网络的性质 …………………………91

6.1.4　基于模糊图的模糊社会网络的中心度决策 …………………93

6.2　模糊社会网络的结构中心度决策 …………………………………95

6.2.1　模糊社会网络的模糊超图模型 ……………………………95

6.2.2　模糊在线社会网络的结构中心度决策 ………………………97

6.3　实例分析 ……………………………………………………99

6.4　本章小结 ……………………………………………………101

参考文献 ……………………………………………………………102

1 绪　　论

1.1　概　　述

集合论是 Cantor 19 世纪末所建立的, 它是现代数学中最重要的基本概念之一。Cantor 集合论描述的是 "非此即彼" 的这些外延分明的概念, 即对特定的集合 A, 一个元素 x 与集合 A 的关系只能有两种情况, 要么 $x \in A$, 要么 $x \notin A$, 二者必居其一, 且仅居其一。因此, 一个集合所包含的元素是确定的。但在纷繁复杂的现实世界中, 除了可以精确表示的客观存在事物外, 还存在着大量的模糊现象, 如 "高个子""年轻人" 等, 究竟个子多高可以称为 "高个子", 多大年龄之间算是 "年轻人", 这是人们观念中模糊的概念, 这种外延不分明的模糊概念是经典集合无法刻划的。在这样的背景下, 作为研究模糊概念的数学方法, 模糊数学理论的诞生成为必然。

1965 年, 美国控制论专家 Zadeh 教授[1] 提出了在给定论域 u 上的模糊集 A 的隶属函数

$$\mu_A : U \to [0, 1]; x \to \mu_A(x)$$

的概念。隶属函数的基本思想是将经典集合论中的绝对隶属关系扩大, 使得元素对于 "集合" 的隶属度不只局限于 0 或 1, 而是扩大到可以取 [0, 1] 中的任何一个实数, 从而突破了 Cantor 经典集合论的局限性。隶属函数的提出成功地刻划了差异间的中间过渡状态, 使得人们可以用数学的方法处理不确定性现象, 为模糊数学的发展奠定了理论基础, 同时也标志着在众多领域有重要应用的新学科——模糊数学的诞生。

由于人们在客观世界中需要讨论和研究的实际问题一般是模糊的, 并且许多系统参数都是用模糊变量表示的, 因此模糊数学一旦产生就显示出其非凡的活力。英国学者 Mamdani 在 1974 年实现了蒸气发动机中的模糊控制; 丹麦的史密斯水泥公司在 1980 年实现了用模糊系统对水泥窑的控制; 日本在 1983 年首次在秋田水厂将模糊控制给药装置投入使用; 随后, 1988 年日立公司将模糊控制技术用在了日本仙台市的地铁控制中[2]。随后, 模糊技术在韩国和日本广泛用于生产诸如电视机、洗衣机、微波炉、摄像机等家用电器等 "智能" 产品的生产, 以及诸如计

算机磁盘驱动器、可编程控制器、汽车变速器和工业机器人等工作设备。随着模糊数学理论的深入发展，模糊数学在现实生活中的应用几乎涉及到国民经济的各个领域。

虽然模糊数学是一门新兴学科，但其发展非常迅速，国内外专家学者对模糊数学本身的研究也非常活跃，其研究内容涉及模糊分析学[3-5]、模糊拓扑学[6]、模糊代数学[7]、模糊集合论等诸多领域，特别地，将模糊集思想利用到图论的研究中也产生了许多成果[8-19]。应用包括人工智能、系统评估、图像识别、自动控制、专家系统、决策优化、专家系统、人文社会科学等诸多领域[20]，这充分说明了在处理模糊性问题方面模糊集理论的优越性。

在大数据背景下的信息时代，飞速发展的信息技术使得数据及信息在各个领域急速增长，同时，人的参与增加了数据及信息的不确定性。如何管理这些庞大的信息和数据，并从中提取有用的信息及数据便成为人们的首要任务。信息系统是由人、计算机和其他外围设备组成的信息收集、传输、存储、处理、维护和使用的系统，它可以充分利用现代计算机和网络通信技术加强用户的信息管理，通过用户所拥有的人力、物力、财力、设备、技术等资源进行调查和了解，建立正确的数据，将这些数据进行加工、处理并编制成各种信息资料并及时提供给管理人员，以便进行正确的决策，不断提高用户的管理水平和经济效益[21]。一个信息系统[22]为 $\mathcal{I} = \langle U, A, V, F \rangle$，其中 U 为对象集，它是所有对象的非空集合，即 $U = \{x_1, x_2, \cdots, x_n\}$，$A$ 为属性集，它是所有属性的非空集合，即 $A = \{a_1, a_2, \cdots, a_m\}$，$F$ 为 U 与 A 的关系集，即 $F = \{f_j | j = 1, 2, \cdots, m\}$，其中 $f_j : U \times A \to V$，$V = \bigcup_{a_j \in A} V_j \ (j = 1, 2, \cdots, m)$ 是属性的值域，即 $\forall x \in U, a_j \in A, f_j(x, a_j) \in V_j$ $(j = 1, 2, \cdots, m)$。

信息系统中的数据及信息一般由决策信息表来表示。信息表是一个二维数据表，表示研究对象与属性之间的关系，特别地，属性为决策属性、目标属性和条件属性的信息表称为决策信息表。我们的目标是从决策信息表中的大量原始数据中提取知识，这需要有效的工具来处理这些规模庞大、杂乱无章且具有不确定性的数据，从而人们可以使用隐藏在它们之中的知识和规律，这便出现了各种各样的知识发现方法，形式概念分析便是知识发现的一种重要方法。

信息系统中大部分是连续值信息系统，这类信息系统的特点是蕴涵序的特征，如多与少、大与小、高与低等，它们之间的关系是优势关系而不是等价关系，研究信息系统中基于优势关系的知识获取具有重要意义[23-25]。于是，便产生了形式概念分析 (formal concept analysis, FCA)。形式概念分析是 Wille[26] 提出的一种基于形式背景 (formal context) 表示形式概念 (formal concept) 的新模型，即概念格，它主要用于概念的发现、排序和显示。在文献 [26] 中，Wille 介绍了形式概念

分析 (FCA), 用于知识发现和表示任务。FCA 从给定的形式上下文开始分析, 包括一组形式对象、一组形式属性和它们之间的二元关系。概念格结构模型是形式概念分析理论中的核心数据结构, 它根据数据集中对象与属性之间的二元关系建立一种概念层次结构, 生动简洁地反映了概念之间的泛化和特化关系。属于这个概念的所有对象的集合被叫作概念的外延, 而所有这些对象所共有的特征 (或属性) 集合被叫作概念的内涵, 其相应的 Hasse 图则实现了对数据的可视化。因此, 概念格被视为是进行数据分析的强有力工具。

然而, 由于信息的不确定性和复杂性, 传统的形式概念分析难以表达这些模糊和不确定的信息。为解决这个问题, 将模糊理论与形式概念分析相结合便是一种很自然的选择, 在这方面许多学者已经做了一些研究。例如, Pollandt 和 Burusco 等人[27] 提出了 $L-$ 模糊形式背景。在 $L-$ 模糊形式背景中, 不确定性用语言术语表示, 如 "优、良、中、差" 等, 这样的缺点是还需去定义这些语言术语, 并且在对象集合较大时, 从 $L-$ 模糊形式背景产生的概念格常常会引起组合爆炸。另一种研究模糊形式概念分析 (fuzzy formal concept analysis, FFCA) 的方法是将 Zadeh 的模糊集合理论与形式概念分析相结合。在 FFCA 中, 不确定信息由隶属度直接表示, 因此由模糊形式概念分析产生的模糊概念格更加简单, 并且它能支持概念间相似度的计算。之后, 几位研究人员将模糊形式概念及其格结构应用于知识处理任务[28-30]。近年来, Li 和 Tsai[31] 讨论了基于人们意见的模糊概念格在情感 (情绪、爱情等) 分类中的应用。后来, Franco 等人[32] 引入了偏好分析模型。由于上述文献缺乏可视化和数据的模糊性, 文献 [33, 34] 的作者利用模糊图和双极模糊图来研究概念格。但是超图在概念格研究中的应用并不多见, Gianpiero 等人[35] 研究了超图及概念格、粗糙集的等价表示, 作者给出一个公式来计算两组属性之间的依赖程度和部分含义, 计算所有可定义的不可分辨关系所产生的分解集合的约简集合和结构, 他们的研究表明, 超图可以等价地表示概念格及粗糙集, 且具有可视化的优点。然而, 用模糊超图来表示模糊形式概念及粗糙集尚未见到综合性研究成果。

粒计算是信息处理的另一种重要方法, 它是一种新的概念和计算范式, 主要用于描述和处理模糊的、不完整的、不确定的和海量的信息, 并提供了一种基于粒和粒间关系的问题求解方法。粒计算最初由 Zadeh 提出并建议使用[36], 然而, 因为粒计算的基本思想在不同领域是以不同的方式体现的, 因此到目前为止还没有关于粒度计算的严格统一的定义, 也没有统一的模型[36,37], 如粗糙集理论、区间分析、词计算、聚类分析、问题求解的商空间理论等。粒 (granule) 可以被简单地理解为由若干个体 "捏合" 在一起而形成的一个新个体, 粒是粒计算的最基本的原语。按照 Zadeh 的定义[36,38], 粒是一簇点、对象、物体的集合, 由于这些点难以区别, 或接近、或相似、或因具有某种特点而结合在一起。例如, 人头的粒为额头、眼睛、两颊、鼻子、耳朵等。Zadeh 还指出, 粗糙集理论和区间计算是粒计算的一个子集, 而粒计算是模糊信息粒理论的超集; 粒计算像一把大伞, 它涵盖所有与粒有关的研究, 如理论、方法论、技术和工具的研究。

Zadeh 1965 年提出的模糊集理论[1] 及 1979 年提出的信息粒化概念[39], 引入了属于给定概念信息粒的元素的隶属度, 为后来的模糊信息粒化理论奠定了基础。

1982 年, 波兰数学家 Pawlak 提出了粗糙集理论[40], 它是一个数学工具, 可以定量分析和处理不一致、不精确、不完整的信息和知识。最初, 粗糙集理论的原型来源于一个相对简单的信息模型, 其基本思想是通过关系数据库分类来归纳并形成概念和规则, 通过对于对象的等价关系的分类以及对于目标近似的分类实现知识发现。在最初的几年里, 粗糙集理论并没有引起国际数学界和计算机界的关注, 其研究地域仅限于一些以波兰语发表论文的东欧国家。第一本关于粗糙集的专著由 Pawlak 于 1991 年出版[40], 这使得粗糙集理论的研究进入了活跃期。随后, Slowinski 于 1992 年出版了论文集[41], 使粗糙集理论的研究更加深入。自第一届关于粗糙集的国际会议在波兰举行以来, 国际粗糙集会议每年举行一次, 这表明粗糙集理论及其应用研究团队正在不断增长。目前, 粗糙集理论已广泛应用于近似推理[42,43]、决策分析[44,45]、专家系统[46,47]、模式识别[48] 等领域。同时, 该理论在医学、化学、材料学、地理学、金融和管理科学等其他学科也已得到了成功的应用。论域上的等价关系是 Pawlak 粗糙集理论的基础, 上、下近似是其核心概念, 对不能用已有知识描述的一些概念可以利用上、下近似对这些概念进行近似表示。Pawlak 粗糙集理论的核心内容包括对信息系统的知识约简, 对不确定知识的近似刻画, 对不协调信息系统的数据分析处理以及基于决策表的规则提取等。随着对粗糙集理论研究的深入, 许多学者将这一理论与其他处理不确定性问题方法或理论结合起来, 取得了显著成效[49-54]。在一定程度上说, 粒计算能够得到广泛的认可与重视, 正是由于粗糙集研究和成功应用的结果。作为粒计算的重要理论之一, 粗糙集的发展也促进了粒计算理论的研究和发展。

1985 年, Hobbs 提出一种粒度理论[55], 在人工智能中, 他用一个粒度理论将代表整个待解决问题的逻辑公式分解成几个子公式或小问题, 然后分别求解这些子公式, 最后将子公式的解合并为一个整体公式的解。这个模型实质上是将较大的整体粒度分解为较小的局部粒度, 然后再将这些较小的粒度解合并, 从而形成整体粒度解。然而, 该文只是用函数项或谓词对粒度和划分粒度进行了定义, 但并没有给出粒度计算规则[56]。

1990 年, 张钹院士和张铃教授提出商空间理论[57], 随后商空间理论称为粒计算理论研究的比较成熟的模型之一。在商空间理论中, 概念由子集表示, 不同粒度的概念由不同粒度的子集表示, 一簇概念就构成空间的一个划分, 即商空间知识基, 不同的概念族就构成不同的商空间[58]。商空间理论基于人类多层次、多粒度观察和分析问题的方法, 将不同粒度世界的结构与数学领域的集合和空间统一起来, 建立用于解决实际工程中复杂问题的对象模型。显然, 从更粗的粒度观察和分析问题, 可以使得问题简单化, 加快求解速度, 特别适合于解决大规模复杂问题。在此基础上, 他们又将模糊集理论引入到商空间理论中, 于 2003 年提出了模糊商空间理论。模糊商空间理论将精确粒度下的商空间的理论和方法扩展到模糊粒度计算, 为粒度计算提供了强有力的数学模型和工具[59,60]。模糊商空间用一个三元组描述一个问题 $(U, A, \tilde{R})$, U 为论域, A 为属性集, $\tilde{R}$ 为 U 上的模糊等价关系, 由 $\tilde{R}$ 产生 U 上的商集 $[U]$, 而后将 $[U]$ 作为新的论域, 对它进行分析、研究。因此商集是将等价类看作新元素而构成的新空间, 这便自然得到一个较粗粒度的世界 $[U]$, $[A]$ 和 $[\tilde{R}]$ 分别为商集 $[U]$ 上对应的商属性和商结构。商空间理论研究的核心内容之一就是分层递阶结构。

1992 年, Giunchiglia 和 Walsh 提出一种抽象理论[61], 他们认为抽象是一个过程, 证明了抽象理论涵盖并推广了人工智能领域以前的很多工作。

1997—1998 年, 在讨论模糊信息粒化理论的文献 [36, 38] 中, Zadeh 提出人类认知的三个主要概念——粒化、组织、因果, 其中粒化包括从将整体分解为部分, 组织包括将部分合成为整体, 因果包括因果之间的关联, 并基于模糊集理论进一步提出粒计算的框架。在该框架下, 由广义限制来定义和构造粒, 而由模糊图或规则来描述粒之间的关系, 相应的粒计算模型被称为词计算。

由于 Zadeh 的工作进一步激起了学术界对粒计算研究的兴趣, 近年来, 越来越多的研究人员致力于这一领域的理论和应用研究。特别是加拿大 Regina 大学的教授姚一豫, 结合邻域系统对粒计算进行了详尽的研究[62,63], 并发表了一系列的研究成果[37,64,65]。同时, 姚一豫还将粒计算应用于知识挖掘等领域, 如将概念之间的 IF-THEN 规则与粒度集合之间的包含关系联系起来, 利用由所有划分构成的格结构解决一致分类问题, 这为数据挖掘提供了一种新的思路和方法。与粗糙集理论相结合, 姚一豫探讨了粒计算方法在智能数据处理、数据挖掘、数据分析、机器学习、规则提取和粒逻辑等方面的应用。2006 年, 姚一豫[65] 给出了粒计算的三种观点: 从哲学角度来看, 粒计算是一种结构化的思维方式; 从应用的角度来看, 粒计算对于结构化问题是一个通用的求解方法; 从计算的角度来看, 粒计算对于信息处理是一个典型范例。这从更广的角度和更深的层次揭示了粒计算的本质。

2002 年, 姚一豫和钟宁[66] 提出了一种基于信息表的粒度计算模型, 在这个模型中, 作者研究了用于构建、解释和表示粒的各种方法。2013 年, Pedrycz 等人[67] 将模糊数值函数引入粒度的概念中, 为模糊集合及其后续处理提供了一个综合性和定性的观点。2017 年, Bisi 等人[68] 通过引入两个新的结构来研究不可区分关系, 这两个新的结构是一个完整的格和一个抽象的简单复合体, 研究表明, 这些结构可以在微观粒和宏观粒水平上研究，而且自然的与核心和约简有关。需要说明的是，在使用粒计算的方法解决问题的过程中，可以将同一问题的不同描述考虑为多层次的粒度，并将多层次的描述联系起来形成一个层次结构。在关注粒度的不同层次描述的同时，可以获得不同层次的知识以及固有的知识结构。由于粒计算方法主要处理粒的构建，粒度的计算与推理以及不同粒度之间的切换，因此许多学者对粒度计算有了新的和快速增长的兴趣[37,67,69–71]。

粒计算涵盖了与粒度相关的所有方法、理论和技术，是人工智能领域的一种新思想和新方法，其根本目的是为了降低解决问题的难度，利用选择合理的粒度的方法来获得近似的、良好的解决方案[72]。它主要用来处理不准确、不确定、不完备的信息，用来挖掘海量数据，解决复杂问题。在粒度计算中，信息系统是表示知识的一种重要方式。信息系统中，相容关系导出关于对象颗粒的相容类的集合，每个相容类称为一个粒[73]，等价关系导出关于对象颗粒等价类的集合，每个等价类称为一个粒[74]。一个粒度结构即利用二元关系，将对象粒化为信息颗粒的集合。信息粒度指对于给定信息系统的对象的粒化程度。将现有粒计算研究成果的共性抽象出来形成了粒计算三元论模型，它为问题求解提供了统一的方法论[37,66,71]。以粒结构为基础的三元论模型包括 3 个部分——结构化思维、结构化问题求解、结构化信息处理。粒度计算的主要问题是构建信息粒度以及利用粒度去计算。构建信息粒度时需要处理粒度的形成、粗细、表示和语义解释，利用粒度去计算需要解决如何利用粒度去求解问题。利用商空间理论求解问题时，可以从不同粒度来考虑，不同的等价关系 R 对应于问题的不同粒度。也就是说，基于对论域不同的划分便会形成不同的粒度。因此，划分就是构成不同粒度世界的方法。

信息系统中的形式概念分析、粒计算及商空间理论有一个共同特点，即对问题空间的结构化处理，而对于有关 "结构化" 问题的研究，图论是一个直观、有效的方法。图论是描述和分析许多现实世界问题很好的工具。基于图建立粒结构的模型既是对粒结构很好的表示，又能方便地对粒结构的建立、转换进行操作。Chiaselotti 等人[75]用邻接矩阵表示信息表，并且在图上利用粒计算的技术，将图上的自同构映射到所谓的不可分辨关系上，并从简单图到核心和约简构建特定的超图。此外，在文献 [76] 中，作者根据数据信息表对任何简单的无向图 G 的邻接矩阵进行了解释，并基于这些构造为基本图提供了一个几何特征，确定了它们的结构，且研究了数据库理论中的结构。2012 年，陈光等人[77]研究了基于广义粗糙集的简单无向图的二部图，并定义了一个由简单无向图引出的新的二元关系。然而，在很多情况下，图论的问题在某种意义上可能包含一些不确定性。例如，道路网上的车辆行驶时间或车辆容量可能并不准确，在这种情况下，使用模糊集和模糊逻辑的方法处理这些不确定性问题是很自然的。在超图中，超边包含很多顶点，并且顶点可以被描述为 n 进制关系。与简单图相比，作为简单图的延伸，超图为解决复杂系统建模中的实际问题提供了更加强大的描述和分析方法。当然, 结合模糊系统和图模型的优点, 可以将具有二元模糊关系和对象之间多元关系的建模系统转化为模糊超图[12]。事实上, 许多研究人员已经考虑从超图的角度描述粒计算的特征。2005 年, 刘等人[78] 通过粒计算和超图聚类算法对大型复杂数据集进行聚类, 提取频繁项目集。利用粒度计算的方法, 将这些频繁项目集映射为超图中的超边, 然后利用多级超图分割算法将超图划分为 k 个部分, 这个过程从较大的复杂数据集中产生集群。Wong 和 Wu[79] 采用粒度和超图的思想来研究超图引入的数据库方案。随着超图中超边圈的减少, 数据库的多值依赖性降低。最后, 通过算法构造粒度数据库方案的层次结构。陈光等人[80] 提出了粒计算的超图模型, 在模型中, 顶点指的是一个对象, 一个超边对应于一个粒子, 一个超图与一组粒子及其特定粒度的关系有关, 一系列超图对应于一个分层结构。Stell 等人[81,82] 研究了关于超图或简单图的广义关系, 而不是集合上的关系, 这是数学形态从集合到图或超图的扩展。Chen 等人[83] 用图论的方法研究了形式概念分析中粒度的约简问题。在此基础上, 超图模型是一种有效的粒子结构表示方法, 是解决问题的一种便捷方式。但是, 模糊超图在粒计算中的应用尚未发现公开发表的研究成果。

决策是管理科学的核心。研究表明, 管理活动是由一系列决策组成的。决策问题是由 "目标""行动""状态" 以及联系 "状态" 到 "行动" 的决策函数构成的。决策的所有要素都存在不确定性, 但总的来说, 决策问题的不确定性主要是指未来状态的不确定性。目前, 在研究决策问题时, 通常都假设决策者的状态与未来的状态是相对独立的。然而, 在现实的社会经济体系中, 几乎所有的决策问题和未来系统状态的变化都与决策者的行为紧密相关。例如, 在高考填报志愿过程中, 全体填报该所大学的考生分数决定了该所学校录取分数的高低; 又如, 在股票市场中, 全体投资人依据当前股票的价格和历史记录来对未来的行为进行决策, 同时全体投资人对股票未来状态的预期也直接影响着股票价格的走势。尽管从微观角度来看, 单一决策者的行为与系统未来的状态是相对独立的, 但当角度扩大到宏观层面时, 整个系统的未来状态与决策者的行为有强烈的相关性。当对制定国家经济政策、预防金融危机和应对社会群体突发性事件这类复杂系统进行宏观调控时, 政策和措施的落实最终也是针对个体行为, 整个宏观系统的运转也是依赖于个体行为的变化。

在决策问题的研究中, 博弈论 (game theory) 是应用最广泛的数学理论工具, 博弈论又叫对策论, 是研究互动决策的理论。它主要用于分析、模拟理性个体在利益冲突环境下的决策问题, 研究个体之间行为的相互作用和相互影响, 在诸多学科领域如管理科学、经济学、生物学、军事科学和政治学等均具有广泛的实际应用背景和应用价值。所谓互动决策, 即所有参与 (即局中人, Player) 的决策都是相互影响的, 决策中的每个人不但需要将其他人的决策纳入自己的考虑之中, 同时也需要将别人对自己的考虑纳入考虑之中。在决策过程中, 各局中人都依靠他们所掌握的信息, 选择各自的策略, 从而实现风险成本最小化和利益最大化。虽然这些博弈任务比较简单, 但由于决策一方需要使用一些方法和技巧来推断对方的策略, 并且在博弈过程中决定双方相互影响、相互依赖, 这与现实社会的决策有相似之处, 因此, 博弈理论可以看作是复杂社会决策的一个简单模型[84]。博弈论是经济学中一个非常重要的概念, 尤其适合研究具有斗争或竞争性质的现象。每种博弈都存在博弈均衡的问题, 所谓博弈均衡, 是一个稳定的博弈结果, 这个结果使得博弈各方都认为自己实现了各自认为的最大效用, 即实现博弈各方对博弈结果的满意。当达到博弈均衡时, 所有参与者都不想改变各自策略的相对静态状态。博弈论分为合作博弈和非合作博弈。两者的区别在于参与人在博弈过程中是否能够达成一个具有约束力的协议。一般认为, 合作博弈是指在博弈中, 如果承诺、协议或威胁具有完全约束力和可执行性, 且合作利益大于内部成员单独经营时的利益总和, 同时对于联盟内部存在具有帕累托改进性质的分配规则。令 N 表示参与人集合, S 是 N 中的一个联盟, 即 $S \subseteq N$, $v(S)$ 表示定义在联盟集上的函数。如果对 $i \in S$ 有 $v(S) > \sum v(i)$, 则称该合作博弈是本质的; 如果对 $i \in S$ 有 $v(S) \geqslant \sum v(i)$, 则称该合作博弈是非本质的, 即存在有净增收益的联盟。合作博弈以各种参与人集合能够得到的共同最优结果来表示博弈, 如果收益是可比较的, 并且转移支付是可能的, 那么合作收益可以用单个数字表示, 例如货币单位, 否则最优结果只是帕累托最优集合, 或者称为特征函数。只有在合作博弈的框架下才会有出现 "双赢" 的可能, 它通常能使博弈双方获得较高的效益或效率。

1974 年, Aubin[85] 首次将模糊集理论应用到经典联盟上, 提出模糊博弈 (fuzzy games) 的概念。在模糊合作博弈中, 联盟中的成员并非态度鲜明地表示 "参与" 或者 "不参与", 而是用自己资产的一部分投入联盟。Aubin 指出, 在局中人并未完全加入联盟, 而只是在一定程度上参与联盟活动时, 可以用一个 [0,1] 内的数来表示局中人参与某个联盟的程度。模糊联盟博弈的核 (Core), 值 (Value) 的概念在文献 [86] 中被首次提出, 同时, 作者深入地探讨了 Shapley 值[86]。注意到 Aubin 提出的模糊博弈或模糊合作博弈是用模糊集表示联盟的 n 人合作博弈, 这类博弈的特点是具有模糊联盟但其收益是实数。Sakawa 和 Nishizaki[87] 考虑到联盟收益值可能被模糊信息、局中人偏好不清晰等因素影响, 提出了具有模糊联盟值的 n 人合作博弈, 这是一类新的模糊合作博弈, 该类博弈中, 联盟是分明集, 但收益却是模糊集。

在经典的合作博弈中, Shapley[88] 对 n 人合作博弈提出了重要的 Shapley 值概念, 奠定了合作博弈的重要理论基础。Shapley 值是将 n 人合作带来的最大收益进行分配的一种方案。这种分配方案假设所有参与者都是理性的, 并根据联盟中所有参与者的边际贡献进行合理分配, 从而使个体理性和集体理性达到均衡。

Shapley 值表明一个值函数对每一个合作联盟的参与人来说都是有效的, 它将联盟的价值 $v(N)$ 分配给所有参与人。模糊博弈是通过模糊理论将决策信息纳入传统策略集, 通过模糊隶属度, 我们可以解决传统博弈中难以描述的参与人的策略选择偏好, 并在模糊博弈框架下求解, 得到模糊博弈的均衡解, 从而确定参与者的最优策略。

1978 年, Butnariu[89] 提出与 Aubin 类似的模糊博弈及模糊博弈解的概念。但是, 他从另一个角度提出了新的核和稳定集概念, 然后研究了联盟为模糊集的 n 人博弈的 Shapley 值[90,91]。

1995 年, Sakawa 和 Nishizaki[87] 基于模糊数的截集讨论了模糊合作博弈的核, 并给出此类模糊合作博弈存在核的必要条件。之后, Mares[92] 定义了这类模糊合作博弈中 Shapley 值的模糊运算表达式, 但没有对其性质和意义进行进一步的研究。

2001 年, Tsurumi[93] 构造了一类具有模糊联盟值的 n 人合作博弈, 并对其进行了研究。同年, Mares[94] 通过修改经典合作博弈中 Shapley 值表达式, 定义了具有模糊联盟值的 n 人合作博弈的模糊 Shapley 值。并且, Mares 对这类模糊 Shapley 值的含义给出符合直观意义的解释, 然而, 由于其直接定义的方式较唐突, 所以其定义的合理性也令人置疑。因此, 重新研究具有模糊联盟值的 n 人合作博弈的模糊 Shapley 值是及其必要的。

2006 年, 黄礼健、吴祈宗、张强[95] 提出了不确定条件下联盟的收益为区间数的一类 n 人合作博弈问题。2007 年, 他们[96] 又从博弈的角度重新定义了此类模糊联盟的 Shapley 值。2008 年, 逄金辉、张强[97] 提出了一种新的分配模糊联盟收益的方法, 给出了合理的模糊收益的 Shapley 分配函数, 并讨论了其性质。2009 年, Li 和 Zhang[98] 定义了具有模糊联盟的 n 人合作博弈的 Shapley 值的一般化表示方式。2010 年, 占家权、张强[99] 利用 Choquet 积分建立特征函数, 从而求得 n 人合作博弈的 Shapley 值, 此类博弈的结构比较特殊, 它是基于模糊合作博弈的一种资源分配。同年, 谭春桥等人[100] 从集值函数的角度出发, 建立了具有区间模糊联盟 n 人合作博弈的定义。

早在 1976 年, Myerson[101] 提出了带有约束图的联盟博弈, 但是只对它进行了理论分析, 并没有利用它来解决实际的问题。在传统的合作博弈论中, 仅从联盟内部因素考虑, 通常假设任何联盟都可以形成。然而, 在许多实际情况下, 外部环境对于联盟生成往往会产生许多限制和阻碍, 比如距离、时间等因素, 甚至与参与人的性格有关。而后, 图在合作博弈的研究中产生了广泛的应用, 产生了例如具有通信结构的博弈[101]、优先约束下的博弈[102], 以及具有约束结构的博弈[103]。近年来, Myerson[101] 的研究由于其在自然领域的适用性, 受到了越来越多的关注。例如 Lindelauf 等人[104] 就将它应用到了恐怖主义网络的研究当中, Zhang 等人[105]

分析了它在现实社会中的利益分配问题。利用图可以发现参与人的联盟生成关系，剔除不切实际的联盟，从而可以快速计算出联盟成员的收益。

目前，合作博弈理论的研究主要关注博弈规则的设计及收益函数的计算等方面，而较少关注博弈个体所处的社会环境。根据复杂网络的研究成果可以看出，处于复杂社会网络中的个体，其行为受到社会网络结构的制约，他们之间的交互和合作演化都受到网络结构的影响，因此，研究社会网络结构中个体的行为演化是必要的。目前，已有很多学者对这类问题进行了研究。如利用博弈收益研究社会网络的生成[106]；在考虑长期与中期回报的基础上，采用强化学习方法，研究网络形成[107]等。其次，在社交网络中，受各种技术进步和发展的影响，交互模式发生了很大的变化，最重要的一点是随机性增加，因此传统重复博弈很难完全在现实中实现。特别是一次性博弈的大量存在，导致发生很多不合作行为的出现。所以，在此类博弈环境下研究合作问题就具有重要的理论意义和现实意义。在传统社会网络中，行动者之间的关系用 0 和 1 表示，其中 1 表示行动者之间存在关系，0 表示不存在关系，而对于二元关系以外的复杂的多维模糊关系，这样的社会网络无法解释。Patel 和 Rahimi[108] 认为在社会网络中，行动者之间的关系不能仅表现为简单的二元关系。例如，一个大学内两个网站 A 和 B 之间的超链接是一种强关系，不同学校的两个网站之间 A 与 C，B 与 C 之间的超链接是一种弱关系，如图 1.1 所示。他们认为如果按传统社会网络分析方法，三个网站 A、B、C 之间的关系强弱程度是一样的，但这与现实情况并不相符。所以行动者之间的关系不能用简单二元关系来表示，而应该用一种模糊关系来表示。但是，他们并没有基于模糊关系给出模糊社会网络的概念。2007 年，Nair 和 Sarasamma[109] 利用模糊图对社会网络中行动者之间的模糊关系进行了研究，提出了模糊社会网络的定义。他们认为模糊社会网络是对模糊图赋予实际意义的结果，可以将模糊图中的结点看成模糊社会网络中的行动者，将模糊图中的边看成是社会网络中行动者之间的关系。2009 年，Cirica 和 Bogdanovic[110] 用数学语言定义了模糊社会网络，并用模糊关系结构来表示模糊社会网络，指出了社会网络是模糊社会网络的一种特殊情况。国内关于社会网络分析的研究，无论是理论研究还是应用研究都做了大量的工作，取得了一系列的研究成果，但对于模糊社会网络的研究还处于起步阶段。廖丽平等人[111] 以模糊图的概念及其基本性质为基础，定义了模糊社会网络的基本概念，并探讨了其相关的一些基本性质，特别提出在模糊关系结构中可以用隶属函数或模糊关系矩阵来表示模糊关系。模糊社会网络从全新的角度分析传统的社会网络模型，对传统社会网络中确定性的二元关系进行改进和扩展，结合模糊数学中的模糊关系对社会网络进行分析，因此，对于行动者之间的复杂关系需在模糊社会网络背景下进行研究。

基于上述背景，本书将利用模糊图研究模糊信息系统，并利用图及模糊图对模糊信息系统的决策问题进行探讨, 从其理论研究出发进而得到一些具体的实际应用。

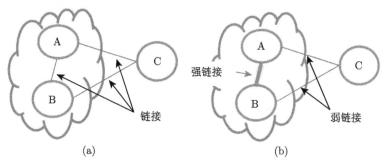

图 1.1　社会网络与模糊社会网络

(a) 社会网络; (b) 模糊社会网络

1.2　预备知识

1.2.1　信息系统

定义 1.1　一个信息系统为 $\mathcal{I} = \langle U, A, V, F \rangle$, 其中 $U = \{x_1, x_2, \cdots, x_n\}$ 为论域, 它是所有对象的非空集合, $A = \{a_1, a_2, \cdots, a_m\}$ 为属性集, 它是所有属性的非空集合, $F = \{f_j | j = 1, 2, \cdots, m\}$ 为所有从论域到属性的映射 f_j 的集合, 其中 $f_j : U \times A \to V$。$V = \bigcup\limits_{a_j \in A} V_j$ $(j = 1, 2, \cdots, m)$ 是属性的值域, 即 $\forall x \in U$, $a_j \in A$, $f_j(x, a_j) \in V_j$ $(j = 1, 2, \cdots, m)^{[22]}$。

一般来说, 如果 $\tilde{A}$ 是一个模糊属性集, 即表示对象 x 有属性 a 的程度, 如果 $\forall a_j \in \tilde{A}$ $(j = 1, 2, \cdots, m)$, 那么 $\tilde{f}_j(x, a_j)$ 是论域 U 的模糊子集, 也就是说, $\forall x \in U$, $a_j \in A$, $f_j(x, a_j) = \mu_j(x) \in V_j$ $(j = 1, 2, \cdots, m)$。我们用 $\tilde{\mathcal{I}} = \langle U, \tilde{A}, [0, 1], \tilde{F} \rangle$ 来表示模糊信息系统。

定义 1.2　令 $\tilde{\mathcal{I}} = \langle U, \tilde{A}, [0, 1], \tilde{F} \rangle$ 为模糊信息系统, 且令 $0 < \lambda \leqslant 1$, 对任意 $a \in \tilde{A}$, 如果 $\forall x, y \in U$, $f(x, a) \geqslant \lambda$, $f(y, a) \geqslant \lambda$, 那么 $x I_{\tilde{A}_\lambda} y$。我们用 $I_{\tilde{A}_\lambda}$ 来表示 U 上的二元关系, 显然, $I_{\tilde{A}_\lambda}$ 是一个等价关系且它被称为由 $\tilde{A}$ 生成的不可分辨关系。我们用 $[x]_{\tilde{A}_\lambda}$ 表示由 x 关于 $\tilde{A}_\lambda$ 生成的等价类, 其中 $\pi_{A_\lambda}(\tilde{\mathcal{I}}) = \{[x]_{\tilde{A}_\lambda} | x \in U\}$ 为论域 U 的划分。

通常, 一个信息系统由矩阵 $\boldsymbol{T}[\mathcal{I}]$ 的形式给出, 其中行表示对象 $x_1, x_2, \cdots$, 列表示属性 $a_1, a_2, \cdots$。根据定义, 在表 $T[\mathcal{I}]$ 中, (n, m) 的值为 $F(x_n, a_m)$, 表 $T[\mathcal{I}]$ 称为信息表。如果 $\tilde{\mathcal{I}}$ 是一个模糊信息系统, 则 $T[\tilde{\mathcal{I}}]$ 为模糊信息表。

定义 1.3　令 $\tilde{\mathcal{I}} = \langle U, \tilde{A}, [0, 1], \tilde{F} \rangle$ 为模糊信息系统, 且 $\tilde{A}_\lambda \subseteq \tilde{A}$, 即 $a \in \tilde{A}_\lambda$

且 $f(x,a) = \mu(x) \geqslant \lambda$。一个子集 $D \subseteq U$ 被称为 $\tilde{A}_\lambda -$ 精确的 (或分明的) 当且仅当 D 是非空集合或者是一个 $\tilde{A}_\lambda -$ 基础集或一些 $\tilde{A}_\lambda -$ 基础集的并集。我们用 $\mathbb{CO}_{\tilde{A}_\lambda}(\tilde{\mathcal{I}})$ 表示模糊信息系统 $\tilde{\mathcal{I}}$ 中论域 U 的所有 $\tilde{A}_\lambda -$ 精确子集。

定义 1.4 令 $\tilde{\mathcal{I}} = \langle U, \tilde{A}, [0,1], \tilde{F} \rangle$ 为模糊信息系统。属性 $a'_\lambda \in \tilde{A}$ (其中 $f(x,a') = \mu(x) \geqslant \lambda$) 被称为不可缺少的。如果 $\pi_{\tilde{A}_\lambda} \neq \pi_{\tilde{A}_\lambda \setminus \{a'_\lambda\}}$，所有 $\tilde{A}$ 的不可缺少的属性子集被叫做 $\tilde{\mathcal{I}}$ 的核，并由 $CORE(\tilde{\mathcal{I}})$ 表示。C 叫做 $\tilde{\mathcal{I}}$ 的约简，如果：

(1) $\pi_{\tilde{A}_\lambda} = \pi_C$;

(2) 对所有的 $a'_\lambda \in C$, $\pi_{\tilde{A}_\lambda} \neq \pi_{C \setminus \{a'_\lambda\}}$。

所有 $\tilde{\mathcal{I}}$ 的约简的集合被表示为 $RED(\tilde{\mathcal{I}})$。

引理 1.5 $CORE(\tilde{\mathcal{I}}) = \cap\{RED(\tilde{\mathcal{I}})\}$[35]。

1.2.2 模糊图及模糊超图

定义 1.6 (子图) 设 H 和 G 是两个图，如果 $V(H) \subseteq V(G)$, $E(H) \subseteq E(G)$，并且 φ_H 是 φ_G 在 $E(H)$ 内的导出函数，那么称 H 是 G 的子图。

定义 1.7 (生成子图) 设 H 是 G 的子图，如果 $V(H) = V(G)$，则 H 称为 G 的生成子图。

定义 1.8 (图的并) 由 G_1 和 G_2 中的所有边组成的图，即 $E[E(G_1)] \cup E[E(G_2)]$，如果 G_1 与 G_2 无公共边，则称 $G_1 \cup G_2$ 为 G_1 和 G_2 的直和，即 G_1 与 G_2 边不重合。

定义 1.9 (图的交) 由 G_1 和 G_2 中的公共边所组成的图，即 $E[E(G_1)] \cap E[E(G_2)]$，则称 $G_1 \cap G_2$ 为 G_1 和 G_2 的交。

定义 1.10 (模糊图) 一个模糊图 G' 是一个有序三元组 $G' = (G, \sigma, \mu)$，其中，$G = (V(G), E(G), \varphi_G)$ 是一个 (无向、无限) 经典图，称为基图[9]。

$\sigma : V(G) \to (0,1]$, $\mu : E(G) \to (0,1]$, 且 $\forall e \in E(G)$, $\mu(e) \leqslant \sigma(\mu) \wedge \sigma(\nu)$，这里 μ, ν 是 e 的端点。

若基图 $G = (V(G), E(G), \varphi_G)$ 是一个有限图，则模糊图 $G' = (G, \sigma, \mu)$ 也是一个有限图。

若基图 $G = (V(G), E(G), \varphi_G)$ 是一个完全图，则模糊图 $G' = (G, \sigma, \mu)$ 也是一个完全图。

若基图 $G = (V(G), E(G), \varphi_G)$ 是一个连通图，则模糊图 $G' = (G, \sigma, \mu)$ 也是一个连通图。

定义 1.11 (模糊子图) 设 $G'_i = (G_i, \sigma_i, \mu_i)$ 是以图 $G_i = (V(G_i), E(G_i), \varphi_{G_i})$ $(i = 1, 2)$ 为基图的两个模糊图。若 G_1 是 G_2 的子图，且 $\sigma_1 \leqslant \sigma_2$, $\mu_1 \leqslant \mu_2$，则称 $G'_1 = (G_1, \sigma_1, \mu_1)$ 是 $G'_2 = (G_2, \sigma_2, \mu_2)$ 的模糊子图[9]。

定义 1.12 (模糊图的并) 设 $G'_i = (G_i, \sigma_i, \mu_i)$ 是以图 $G_i = (V(G_i), E(G_i),$

$\varphi_{G_i})(i=1,2)$ 为基图的两个模糊图. 称 $G_1' \cup G_2' = (G_1 \cup G_2, \sigma_1 \cup \sigma_2, \mu_1 \cup \mu_2)$ 为 $G_1' = (G_1, \sigma_1, \mu_1)$ 和 $G_2' = (G_2, \sigma_2, \mu_2)$ 的并[10].

具体的, 对任意 $v \in \sigma_1 \cup \sigma_2$, $e \in \mu_1 \cup \mu_2$, 都有

$$(\sigma_1 \cup \sigma_2)(v) = \sigma_1(v) \vee \sigma_2(v), (\mu_1 \cup \mu_2)(e) = \mu_1(e) \vee \mu_2(e)$$

式中, "$\vee$" 表示取两个数值中较大的一个.

定义 1.13 (模糊图的交) 设 $G_i' = (G_i, \sigma_i, \mu_i)$ 是以图 $G_i = (V(G_i), E(G_i),$ $\varphi_{G_i})(i=1,2)$ 为基图的两个模糊图. 称 $G_1' \cap G_2' = (G_1 \cap G_2, \sigma_1 \cup \sigma_2, \mu_1 \cup \mu_2)$ 为 $G_1' = (G_1, \sigma_1, \mu_1)$ 和 $G_2' = (G_2, \sigma_2, \mu_2)$ 的交[10].

具体的, 对任意 $v \in \sigma_1 \cap \sigma_2$, $e \in \mu_1 \cap \mu_2$, 都有

$$(\sigma_1 \cap \sigma_2)(v) = \sigma_1(v) \wedge \sigma_2(v), (\mu_1 \cap \mu_2)(e) = \mu_1(e) \wedge \mu_2(e)$$

式中, "$\wedge$" 表示取两个数值中较小的一个.

定义 1.14 (模糊图的笛卡尔积) 设 $G_i' = (G_i, \sigma_i, \mu_i)$ 是以图 $G_i = (V(G_i),$ $E(G_i), \varphi_{G_i})(i=1,2)$ 为基图的两个模糊图. 称 $G_1' \times G_2' = (G_1 \times G_2, \sigma_1 \times \sigma_2, \mu_1 \times \mu_2)$ 为 $G_1' = (G_1, \sigma_1, \mu_1)$ 和 $G_2' = (G_2, \sigma_2, \mu_2)$ 的笛卡尔积[10]. 其中,

$G_1 \times G_2 = (V_1 \times V_2, E)$, $\sigma_1 \times \sigma_2 : V_1 \times V_2 \to [0,1]$, $\mu_1 \times \mu_2 : E \to [0,1]$,
$E = \{(x, x_2)(x, y_2) | x \in V_1, x_2 y_2 \in E_2\} \cup \{(x_1, z)(y_1, z) | z \in V_2, x_1 y_1 \in E_1\}$

具体的, 对任意 $(x_1, x_2) \in V_1 \times V_2$, $(x_1, x_2)(x, y_2) \in E$, $(x_1, z)(y_1, z) \in E$, 都有 $(\sigma_1 \times \sigma_2)(x_1, x_2) = \sigma_1(x_1) \wedge \sigma_2(x_2)$,

$(\mu_1 \times \mu_2)((x, x_2)(x, y_2)) = \sigma_1(x_1) \wedge \mu_2(x_2 y_2)$,

$(\mu_1 \times \mu_2)((x_1, z)(y_1, z)) = \sigma_2(z) \wedge \mu_1(x_1 y_1)$.

定义 1.15 (模糊图的强乘积) 设 $G_i' = (G_i, \sigma_i, \mu_i)$ 是以图 $G_i = (V(G_i),$ $E(G_i), \varphi_{G_i})(i=1,2)$ 为基图的两个模糊图. 称 $G_1' \widehat{\boxtimes} G_2' = (G_1 \widehat{\boxtimes} G_2, \sigma_1 \widehat{\boxtimes} \sigma_2, \mu_1 \widehat{\boxtimes} \mu_2)$ 为 $G_1' = (G_1, \sigma_1, \mu_1)$ 和 $G_2' = (G_2, \sigma_2, \mu_2)$ 的强乘积[112]. 其中,

$G_1 \otimes G_2 = (V_1 \times V_2, E_0)$, $E_0 = E \cup E^0$, $E = \{(x, x_2)(x, y_2) | x \in V_1, x_2 y_2 \in E_2\} \cup \{(x_1, z)(y_1, z) | z \in V_2, x_1 y_1 \in E_1\}$, $E^0 = \{(x_1, x_2)(y_1, y_2) | x_1 y_1 \in E_1, x_2 y_2 \in E_2\}$.

具体的, 对任意 $(x_1, x_2)(y_1, y_2) \in E^0$,

$(\mu_1 \widehat{\boxtimes} \mu_2)((x_1, x_2)(y_1, y_2)) = \mu_1(x_1, y_1) \wedge \mu_2(x_2, y_2)$.

$(\sigma_1 \widehat{\boxtimes} \sigma_2) = \sigma_1 \times \sigma_2$, $(\mu_1 \otimes \mu_2) = \mu_1 \times \mu_2$.

定义 1.16 (模糊图的直积) 设 $G_i' = (G_i, \sigma_i, \mu_i)$ 是以图 $G_i = (V(G_i), E(G_i),$ $\varphi_{G_i})(i=1,2)$ 为基图的两个模糊图. 称 $G_1' * G_2' = (G_1 * G_2, \sigma_1 * \sigma_2, \mu_1 * \mu_2)$ 为 $G_1' = (G_1, \sigma_1, \mu_1)$ 和 $G_2' = (G_2, \sigma_2, \mu_2)$ 的直积[112]. 其中,

$G_1*G_2 = (V_1 \times V_2, E^0)$, $E_0 = E \cup E^0$, $E^0 = \{(x_1, x_2)(y_1, y_2)|x_1 y_1 \in E_1, x_2 y_2 \in E_2\}$。

具体的, 对任意 $(x_1, x_2)(y_1, y_2) \in E^0$, $(\sigma_1 * \sigma_2) = \sigma \times \sigma_2$, $(\mu_1 * \mu_2) = \mu_1 \times \mu_2$。

定义 1.17 (模糊图的字典积) 设 $G_i' = (G_i, \sigma_i, \mu_i)$ 是以图 $G_i = (V(G_i), E(G_i), \varphi_{G_i})(i = 1, 2)$ 为基图的两个模糊图。称 $G_1' \circ G_2' = (G_1 \circ G_2, \sigma_1 \circ \sigma_2, \mu_1 \circ \mu_2)$ 为 $G_1' = (G_1, \sigma_1, \mu_1)$ 和 $G_2' = (G_2, \sigma_2, \mu_2)$ 的字典积[112]。其中, $G_1 \circ G_2 = (V_1 \times V_2, E^0 \cup E^1)$, $E^1 = \{(x_1, x_2)(y_1, y_2)|x_1 y_1 \in E_1, x_2 y_2 \notin E_2\}$。

它在 E_0 的定义如以上, 其中, $E_0 = E \cup E^0$, $\sigma_1 \circ \sigma_2 = \sigma_1 \times \sigma_2$, 在 E 中, $\mu_1 \circ \mu_2 = \mu_1 \times \mu_2$, 在 E^0 中, $\mu_1 \circ \mu_2 = \mu_1 \otimes \mu_2$, 对任意 $(x_1, y_1)(x_2, y_2) \in E^1$, $(\mu_1 \otimes \mu_2)((x_1, y_1)(x_2, y_2)) = \mu_1(x_1, y_1) \wedge \sigma_2(x_2) \wedge \sigma_2(y_2)$。

定义 1.18 (模糊图的截运算) 设 $G' = (G, \sigma, \mu)$ 是以图 $G = (V(G), E(G), \varphi_G)$ 为基图的模糊图[112]。对 $\lambda \in [0, 1]$, 称 $G_\lambda' = (V_\lambda, E_\lambda, \varphi_\lambda)$ 是 $G' = (G, \sigma, \mu)$ 的 λ 截面。其中, $V_\lambda = \{v \in V(G)|\sigma(v) \geqslant \lambda\}$, $E_\lambda = \{e \in E(G)|\mu(e) \geqslant \lambda\}$。

下面首先给出超图的基本定义。

定义 1.19 (超图) 设 $V = \{x_1, x_2, \cdots, x_n\}$ 是一个有限集合, $E = \{e_1, e_2, \cdots, e_m\}$ 是 V 上的一个子集, 即 $E \subseteq 2^V$。我们称 $H = (V, E)$ 是 V 上的一个超图, 如果 $\forall i \in \{1, 2, \cdots, m\}$, $e_i \neq \varnothing$ 和 $\bigcup\limits_{i=1}^{m} e_i = V$。我们也可以简单地称 E 是在 V 上的一个超图。V 的元素称为顶点, E 的元素称为边。

如果 E 的每条边 e, 都有 $|e| = k$, 则称 E 是一个 $k-$ 一致超图。更进一步的, 如果超边 E 包含顶点 V 的所有 k 子集, 则此时的 $k-$ 一致超图为完全 $k-$ 一致超图, 表示为 $\binom{\hat{n}}{k}$, 其中 $\hat{n} = \{1, 2, \cdots, n\}$。如果 $k = 2$, 则 H 就是一个简单图。

定义 1.20 (超图的阶) 一个超图 H 的阶, 指的是超图 $H = (V, E)$ 中节点集 V 的势 $|V| = n$。

根据超图的概念, 可以定义空超图为 $V = \varnothing$, $E = \varnothing$。

定义 1.21 (孤立点) 在超图 $H = (V, E)$ 中, 如果有 $\cup e_i = V$, $i = \{1, 2, \cdots, m\}$, 那么可以称该超图没有孤立节点; 孤立节点是指一个节点 x, 满足条件 $x \in V \setminus \cup e_i$。

在超图中, 一条超边 e 称为自圈 (loop), 如果 $|e| = 1$。若两个节点同时存在于一条超边中, 则称这两个节点相邻; 若两条超边的交集不为空, 则这两条超边被认为是相关的。

定义 1.22 (超边度) 假设顶点 x 是超图 $H = (V, E)$ 中的一个顶点, 所有包含了顶点 x 的超边 e_j 组成一个集合 $H(x)$。顶点 x 的超边度定义为 $d(x) = J$。若超图中不存在重复边, 则认为 $d(x) = |H(x)|$。$\Delta(H)$ 表示一个超图中的最大超边度。

值得注意的是, 当 $\{x\}$ 为自圈时, $d(x) = 2$。

当超图中所有节点的超边度相等时, 称该超图为正则 (regular) 超图。

定义 1.23 (超边势) 设 e 为超图 $H = (V, E)$ 中的一条超边, 则超边势定义为 $|e|$。且 $r(H) = \max |e_i|$ 为超图中的最大势, $cr(H) = \min |e_i|$ 为超图中的最小势。

定义 1.24 (加权超边度) 设顶点 x 是超图 $H = (V, E)$ 中的一个顶点, 所有包含了顶点 x 的超边 e_j 构成一个集合 $H(x)$。此时顶点 x 的加权超边度定义为 $d(x) = \sum_{j \in J} |e_j|$。

1995 年, R.H. Goetschel Jr. 首先提出了模糊超图的概念[12], 并给出了模糊超图的相关定义及性质。随后, R.H. Goetschel Jr. 等人[113] 研究了模糊超图的交。

定义 1.25 (模糊超图) 设 $V = \{x_1, x_2, \cdots, x_n\}$ 是一个有限集合, $\mathcal{E} = \{e_1, e_2, \cdots, e_m\}$ 是 V 上的一个非平凡模糊子集, 即 $\mathcal{E} \subseteq 2^V$。我们称 $\mathcal{H} = (V, \mathcal{E})$ 是 V 上的一个模糊超图[12], 如果 $\forall i \in \{1, 2, \cdots, m\}$, $e_i \neq \varnothing$ 和 $\bigcup_{i=1}^{m} \{\text{supp} e_i | e_i \in \mathcal{E}\} = V$。

定义 1.26 (简单模糊超图) 一个模糊超图 $\mathcal{H} = (V, \mathcal{E})$ 是简单的[12], 如果 $\mathcal{E}$ 没有重复的边且对任意的 $e_i, e_j \in \mathcal{E}$, 若 $e_i \leqslant e_j$, 则 $e_i = e_j$, $i, j = \{1, 2, \cdots, m\}$。

定义 1.27 令 $\mathcal{H} = (V, \mathcal{E})$ 是一个模糊超图。设 $e_i \in \mathcal{E}$ 且 $0 \leqslant \lambda \leqslant 1$, e_i 的 λ 截集定义为 $e_{i\lambda}$,

$$e_{i\lambda} = \{v \in V | e_i(v) \geqslant \lambda\}, i = \{1, 2, \cdots, m\}$$

令 $E_\lambda = \{e_{i\lambda} | e_i \in \mathcal{E}\} \setminus \{\varnothing\}$ 且 $V_\lambda = \cup \{e_{i\lambda} | e_i \in \mathcal{E}\}$。

如果 $E_\lambda \neq \varnothing$, 那么超图 $H_\lambda = (V_\lambda, E_\lambda)$ 为 $\mathcal{H}$ 的 $\lambda-$ 截超图。

定义 1.28 在模糊超图[114] $\mathcal{H} = (V, \mathcal{E})$ 中, 模糊超弧 $e \in \mathcal{E}$ 被定义为 $(T(e), H(e))$, 其中 $T(e)$ 为尾, $H(e)$ 为头, 且满足 $T(e) \subset N$, 且 $T(e) \neq \varnothing$, $H(e) \in N - T(e)$。一条模糊超路 q_{od} 将终点 d 与起点 o 联系起来, 即有 $q_{od} = (o = t'(e_1), e_1, t'(e_2), e_2, \cdots, e_m, d)$, 其中 $t'(e_{i+1}) \in h'(e_i)$, $i = 2, \cdots, m-1$, 且 $d \in h'(e_m)$。

基于模糊图的自然推广, 余彬[115] 对于超图的顶点集和边集分别给定模糊集 σ 和 μ, 从而给出了模糊超图的另一种定义方式。

定义 1.29 模糊超图是一个三元组 $\mathcal{H} = (V, \sigma, \mu)$ (有时为了方便 V 略去不写), 其中 σ 和 μ 分别是 V 和 E 上的模糊集并且满足:

(1) $\text{supp} \sigma = V$;

(2) $\mu(E) \leqslant \bigwedge_{V \in E} \sigma(X)$ 且 $V = \cup \text{supp} \mu$。

在上述定义中, 若 H 是普通图 G, 则 $\mathcal{H}$ 就是通常意义下的模糊图 G'。

定义 1.30 一个模糊超图称为强模糊超图, 如果 $\mu(E) = \bigwedge\limits_{V \in E} \sigma(V)$。

例 1.1 假设有一个超图 $H = (V, E)$, 其中 $V = \{v_1, v_2, v_3, v_4, v_5, v_6, v_7\}$, $E = \{e_1, e_2, e_3, e_4\}$, 且 $e_1 = \{v_1, v_2, v_3\}$, $e_2 = \{v_3, v_4\}$, $e_3 = \{v_4, v_5, v_6\}$, $e_4 = \{v_2, v_7\}$, 满足 $\sigma(v_1) = 0.7$, $\sigma(v_2) = 0.5$, $\sigma(v_3) = 0.3$, $\sigma(v_4) = 0.6$, $\sigma(v_5) = 0.5$, $\sigma(v_6) = 0.4$, $\sigma(v_7) = 0.8$, $\mu(e_1) = 0.1$, $\mu(e_2) = 0.2$, $\mu(e_3) = 0.3$, $\mu(e_4) = 0.5$, 那么 $\mathcal{H} = (\sigma, \mu)$ 为一个模糊超图 (见图 1.2)。

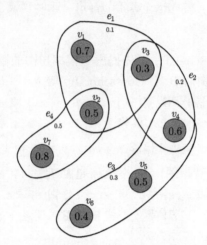

图 1.2 具有 7 个顶点 4 条边的模糊超图

下面给出基于定义 1.29 的模糊超图的 λ—截超图。

定义 1.31 令 $\mathcal{H} = (H(V, \mathcal{E}), \sigma, \mu)$ 为一个模糊超图[115], 其中 $\sigma : V \to [0, 1]$, $\mu : E \to [0, 1]$, 假设 $0 < \lambda \leqslant 1$, 那么模糊超图 $\mathcal{H}$ 的 λ—截超图为:

$$\sigma_\lambda = \{v \in V \mid \sigma(v) \geqslant \lambda\}, \quad \mu_\lambda = \{e \in E \mid \mu(e) \geqslant \lambda\}$$

1.2.3 模糊合作博弈理论

一个合作博弈定义为 (N, v), 其中 $N = \{1, 2, \cdots, n\}$ 为合作博弈的局中人集合, 特征函数定义为 $v : 2^N \to R_+ = \{r \in R \mid r \geqslant 0\}$ 且满足 $v(\varnothing) = 0$。在分明的合作博弈中, 特征函数 v 描述了一个合作博弈, 并将一个清晰的联盟 S 与价值 $v(S)$ 相关联, 它表示联盟 S 无需求助于 S 之外的参与人所能得到的可传递效用的总量。Aubin[85] 首先提出了模糊合作博弈的概念, 他指出在某些情况下局中人并未完全加入联盟, 只是在一定程度上参与联盟的活动。因此, 可以用一个 $[0, 1]$ 内的数来表示局中人参与某个联盟的程度。模糊联盟博弈的核 (Core)、值 (Value) 的概念也在此时首次提出。Butnariu[90] 从另一角度提出了新的核与稳定集的概念, 并证明了核非空。在该文献中, Butnariu 还定义了一类具有比例值的模糊博弈 $G_p(N)$, 给出了 $G_p(N)$ 上 Shapley 值的计算方法[88], 并且证明了 Shapley 值的唯一性。Tsurumi[93] 指出 $G_p(N)$ 上的模糊博弈的特征函数既不连续, 也不单调, 他引入了具有 Choquet 积分表达形式的一类模糊博弈 $G_c(N)$。$G_c(N)$ 上的模糊博弈的特征函数关于任意参与人均连续单调, Tsurumi 定义的 $G_c(N)$ 上的模糊博弈的 Shapley 值公式满足他所定义的任意模糊博弈 Shapley 函数应满足的四条公理。

假设存在若干个局中人参与博弈, 令 $N = \{1, 2, \cdots, n\}$ 表示局中人的一个非空集合。局中人的模糊联盟的定义为:

定义 1.32 *模糊联盟是 "超立方"$[0,1] \times [0,1] \times \cdots \times [0,1]$ (共 n 个 $[0,1]$) 的向量 s。记作 $s \in [0,1]^n$。*

向量 $s = (s_1, s_2, \cdots, s_n)$ 中第 i 个坐标 s_i 就是局中人 $i \in N$ 在模糊联盟 s 中的参与水平 (或者称为参与程度)。有时候常用 $\mathcal{F}^N$ 表示 "超立方"$[0,1]^n$。如果 s 中的元素只包含 1 与 0, 那么它恰好就是一般合作博弈中的联盟 $S \in 2^N$ 的特征向量。因此, S 其实是 s 的特殊情况, 联盟 S 本身是一类模糊联盟。在模糊博弈的研究中, e^N 仍然表示大联盟, $e^{\varnothing} = \{0, 0, \cdots, 0\}$ 表示空集。非空的模糊联盟的全体记作 $\mathcal{F}_0^N$, 它是从模糊联盟集合中剔除了空集之后而得到的, 即 $\mathcal{F}_0^N = \mathcal{F}^N \setminus e^{\varnothing}$。

特别地, 对于每个 $i \in N$, 我们用 e^i 表示对应于 "单人" 联盟 $S = \{i\}$ 的特殊模糊联盟。这样, $e^i (i = 1, 2, \cdots, n)$ 构成了 n 维空间的一组基, 任何一个模糊联盟都可以用它们的线性组合来表示, 例如 $s = (s_1, s_2, \cdots, s_n)$ 可以表示成 $\sum_{i=1}^{n} s_i e^i (0 \leqslant s_i \leqslant 1)$。

从图上看, 合作博弈中的所有 $2^{|N|}$ 个联盟对应于超立方 $[0,1]^n$ 上的 $2^{|N|}$ 个 "极端点", 而模糊博弈的所有联盟对应于超立方 $[0,1]^n$ 上的所有点。例如, 对于一般两人合作博弈, 即 $N = \{1, 2\}$, 它的所有联盟是平面上一个正方形的四个点:$(0,0), (0,1), (1,0), (1,1)$。而模糊联盟则充满了整个正方形 (包括边界在内)。当 $N = \{1, 2, 3\}$ 时, 合作博弈的所有联盟位于立方体 $[0,1]^3$ 的 8 个顶点, 而模糊联盟充满了整个立方体。当 $|N| \geqslant 4$ 时, 我们就讨论超立方体的极端点和超立方体本身了。

定义 1.33 *对于任意给定的模糊联盟 $s \in \mathcal{F}^N$, 它的载体为*

$$car(s) = \{i \in N | s_i \geqslant 0\}$$

根据定义 1.33, 所谓 s 的载体是指对 s 多少有 "贡献" 的局中人的集合。如果 s 的载体不是全体局中人, 即 $car(s) \neq N$, 那么我们称 s 为真正的模糊联盟, 或真模糊联盟。载体规模的大小反映了该模糊联盟中愿意参与合作的人数, 而在载体中不是百分之百地投入合作的局中人的人数可以反映联盟的 "模糊程度"。譬如, $s_1 = \{1, 0, 1\}$, $s_2 = \{0.3, 0, 0.8\}$, 这两个联盟有相同的载体: 局中人 1 与 3。但是, s_1 中的局中人 1 与 3 参与合作很干脆, 而 s_2 中的局中人 1 与 3 参与合作的态度 "比较模糊"。

定义 1.34 拥有局中人集合 N 的合作博弈是从 $\mathcal{F}^N$ 到实数空间的一个映射 $v : \mathcal{F}^N \to \mathbf{R}$, 它具有性质 $v(e^{\varnothing}) = 0$。

合作博弈的前提是假设所有参与者在联盟合作开始之前都知道收益价值 $v(S)$。如 Borkotokey[116] 所述, 这个假设是不现实的, 因为合作和联盟形成过程中存在很多不确定因素。在很多情况下, 局中人的实际收益只能是模糊的。考虑到信息在决策过程中的不精确性, 我们引入了一个模糊特征函数, 它由模糊数 $\tilde{v}(S)$ 表示。因此, 特征函数 $\tilde{v}(S)$ 将模糊合作博弈中分明的联盟 $S \in P(N)$ 与模糊数表示的收益 $\tilde{v}(S)$ 联系起来。我们用 $(N, \tilde{v})$ 表示联盟为清晰的但收益为模糊数的模糊合作博弈, 其中模糊特征函数 $\tilde{v} : P(N) \to \tilde{R}$ 满足 $\tilde{v}(\varnothing) = 0$。

映射 $\tilde{v}$ 对每个联盟指派一个模糊数, 讲述这个联盟在合作中可以创造的财富。拥有局中人集合 N 的模糊合作博弈的全体记为 $\mathcal{FG}$。

在本书中, 我们使用 $|\cdot|$ 来表示有限集合的基数, 即 $|S|$ 是联盟 $|S|$ 中局中人的数量。有时为了方便, 我们用小写字母来表示基数, 即 $s = |S|$。一个模糊合作博弈 $(N, \tilde{v})$ 称为单调的, 如果对所有 $S, T \subseteq N$ 且 $T \subseteq S$, 均有 $\tilde{v}_\lambda^L(T) \leqslant \tilde{v}_\lambda^L(S)$, $\tilde{v}_\lambda^R(T) \leqslant \tilde{v}_\lambda^R(S)$。也就是说, 在单调模糊合作博弈中, 局中人在合作中是受益的。以下讨论如不特别说明, 模糊合作博弈均为单调模糊合作博弈。

对于 $S \subseteq N$ 且 $i \in N$, 我们将 $S \cup \{i\}$ 简记为 $S \cup \{i\}$, 将 $S \setminus \{i\}$ 简记为 $S \setminus i$。对于模糊合作博弈 $(N, \tilde{\omega}), (N, \tilde{v}) \in \mathcal{FG}$ 且 $S \subseteq N$, 模糊合作博弈 $(N, \tilde{\tau})$ 定义为:

$$\tilde{\tau}(S) = \tilde{\omega}(S) + \tilde{v}(S)$$

再者, 对于联盟 $S \in P(N)$, 一致博弈 $(N, u_T(S))$ 定义为:

$$u_T(S) = \begin{cases} 1, & \text{如果 } T \subseteq S \\ 0, & \text{其他情况} \end{cases}$$

值得注意的是, 任意 $S \in P(N)$ 均有 $(N, u_T(S)) \in \mathcal{FG}$。

给定模糊博弈 $(N, \tilde{v}) \in \mathcal{FG}$, 局中人 $i \in N$ 是虚拟的, 如果对所有 $S \subseteq N \setminus \{i\}$ 均有 $\tilde{v}(S \cup i) = \tilde{v}(S) + \tilde{v}(i)$。两个局中人 $i, j \in N$ 是对称的, 如果对所有 $S \subseteq N \setminus \{i, j\}$ 均有 $\tilde{v}(S \cup i) = \tilde{v}(S \cup j)$。

2 模糊超图的运算图

模糊图论作为欧拉图论的推广首先由 Rosenfeld 于 1975 年提出[8]。Rosenfeld[8] 给出了模糊集之间的模糊关系, 得到了与欧拉图中相对应的一些结论。1978 年 Bhattacharya[9] 给出了模糊图的一些注记; 1989 年, Bhutani[117] 介绍了模糊图之间的同构和弱同构; 2000 年, Mordeson[118] 给出了模糊图的补运算, 后来 Sunitha 与 Vijayakumar[112] 对其做了更深入的研究; 文献 [119] 引进了强模糊子图的概念并研究了其性质。当然还有很多其他学者在模糊图方面做了重要工作。作为图论的分支, 模糊图论的应用领域也极为广泛, 比如聚类分析、系统分析、数据理论、运输系统、分析以及信息理论等。

图论的重要特点在于把问题转化为形象的二元关系图, 通过研究图的一系列结构性质来揭示问题的本质, 从而解决问题。由于许多结构复杂的图是由结构简单的图通过笛卡尔积、强积、字典积、并、联等运算得到的, 因此, 根据图的笛卡尔积等积运算及并、联的结构特征, 利用模糊图的现有结果, 研究模糊图的运算图的性质是有意义的。同时, 也为研究一般图类的结构及性质提供参考。1994 年, Mordeson[10] 研究了模糊图的笛卡尔乘积、合成、并与联运算。2009 年, Parvathi 等人[120] 研究了直觉模糊图的笛卡尔乘积、合成、并与联运算, 并分析了它们的一些性质。2011 年, Akram 等人[121] 定义了双值模糊图及强双值模糊图, 并研究了强双值模糊图的积运算。2013 年, Mishra 等人[122] 研究了区间值直觉模糊图的积。作为简单图的自然推广, 超图及模糊超图由于一条边可以包含多个顶点, 且一条边中的顶点可以表示 n–进制关系, 特别是模糊超图更可以表达顶点间的模糊 $n-$ 进制关系, 因此, 为解决复杂系统建模中的实际问题提供了更加强大的描述和分析方法, 而且图的许多应用均可以扩展到超图[123]。对于超图的运算图, 近年来也有许多学者进行了研究[124-126]。2017 年, Gong 和 Wang[127] 对模糊超图的运算图进行了讨论, 并将结果应用到模糊社会网络的结构研究中。

第 2.1 节总结了超图的计算的定义, 这些定义是研究模糊超图积运算的基础。第 2.2 节给出了模糊超图的笛卡尔积的定义、强模糊 $r-$ 一致超图的强积、正规积、字典积的定义, 并研究了这些运算图的性质, 证明了两个模糊超图的笛卡尔积仍为模糊超图, 两个强模糊 $r-$ 一致超图的强积、正规积、字典积均为强模糊 $r-$ 一致超图。第 2.3 节中定义了两个超图的模糊超图的联运算及并运算, 证明了两个超图的模糊超图经过联运算及并运算后仍为模糊超图。

2.1 超图的运算图

定义 2.1 两个超图[124] $H_1 = (V_1, E_1)$ 和 $H_2 = (V_2, E_2)$ 的笛卡尔乘积定义为 $H_1 \square H_2 = (V, E)$, 其中 $V(H_1 \square H_2) = V(H_1) \times V(H_2)$, 超边 $E_1 \square E_2 = \{\{v_1\} \times e_2 : v_1 \in V_1, e_2 \in E_2\} \cup \{e_1 \times \{v_2\} : e_1 \in E_1, v_2 \in V_2\}$(见图 2.1)。

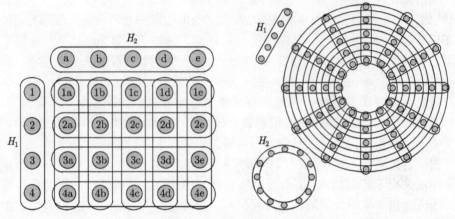

图 2.1   超图 H_1 与超图 H_2 的笛卡尔积图

定义 2.2 两个超图[124] $H_1 = (V_1, E_1)$ 和 $H_2 = (V_2, E_2)$ 的强积定义为 $H_1 \widehat{\boxtimes} H_2 = (V, e^0)$, 其中 $V(H_1 \widehat{\boxtimes} H_2) = V(H_1) \times V(H_2)$。对任意的顶点集 V_i 的笛卡尔积 $V = \overset{n}{\underset{i=1}{\times}} V_i$, 定义映射 $p_j : V \to V_j$, 即 $V = (v_1, \cdots, v_n) \mapsto v_j$, v_j 为 $v \in V$ 中的第 j 个元素。由此, 超边 $e \in E(H_1 \widehat{\boxtimes} H_2)$ 当且仅当:

(1) $e \in E(H_1 \square H_2)$;

(2) $p_i(e) \in E(H_i)$, $i = 1, 2$ 且 $|e| = \underset{i=1,2}{\max}\{|p_i(e)|\}$。

定义 2.3 两个超图[124] $H_1 = (V_1, E_1)$ 和 $H_2 = (V_2, E_2)$ 的正规积定义为 $H_1 \widecheck{\boxtimes} H_2 = (V, e_0)$, 其中 $V(H_1 \widecheck{\boxtimes} H_2) = V(H_1) \times V(H_2)$。对任意的顶点集 V_i 的笛卡尔积 $V = \overset{n}{\underset{i=1}{\times}} V_i$, 定义映射 $p_j : V \to V_j$, 即 $V = (v_1, \cdots, v_n) \mapsto v_j$。$v_j$ 为 $v \in V$ 中的第 j 个元素。由此, 超边 $e \in E(H_1 \widecheck{\boxtimes} H_2)$ 当且仅当:

(1) $e \in E(H_1 \square H_2)$;

(2) $p_i(e) \subseteq e_i \in E(H_i)$, $i = 1, 2$ 且 $|e| = |p_i(e)| = \underset{j=1,2}{\min}\{|e_j|\}$。

令 $H_1 = (V_1, E_1)$ 和 $H_2 = (V_2, E_2)$ 为两个 $r-$ 一致超图, 其强积、正规积、

字典积分别定义为:

定义 2.4 两个 $r-$ 一致超图 [124] $H_1 = (V_1, E_1)$ 和 $H_2 = (V_2, E_2)$ 的强积定义为 $H_1 \boxtimes H_2$,其中 $V(H_1 \square H_2) = V(H_1) \times V(H_2)$,对于超边 $e_1 \in E_1$ 和 $e_2 \in E_2$,超边定义为 $E_1 \boxtimes E_2 = E_1 \square E_2 \cup \{e \in e_1 \times e_2 | e_i \in E_i \text{ 且 } p_i(e) = e_i, i = 1, 2\}$。

由定义 2.4 可以看出,超边 $E_1 \boxtimes E_2$ 由笛卡尔积边和非笛卡尔积边组成,换句话说,非笛卡尔积边 $e = \{(v_{11}, v_{12}), (v_{12}, v_{22}), \cdots, (v_{1r}, v_{2r})\}$ 是 $H_1 \boxtimes H_2$ 的一条边当且仅当 $\{v_{11}, v_{12}, \cdots, v_{1r}\}$ 是 H_1 的超边且 $\{v_{21}, v_{22}, \cdots, v_{2r}\}$ 是 H_2 的超边。

定义 2.5 对于 $r-$ 一致超图来说,两个 $r-$ 一致超图 $H_1 = (V_1, E_1)$ 和 $H_2 = (V_2, E_2)$ 的正规积 $H_1 \boxtimes H_2$ 与强积 $H_1 \boxtimes H_2$ 相同。

定义 2.6 两个 $r-$ 一致超图 $H_1 = (V_1, E_1)$ 和 $H_2 = (V_2, E_2)$ 的字典积定义为 $H_1 \circ H_2$,其中 $V(H_1 \circ H_2) = V(H_1) \times V(H_2)$,超边 $E(H) = \{e_1 \times e_2 | e_1 \in E_1, p(e_2) \subseteq V_2, |p_2(e)| \leqslant |e|\} \cup \{\{x\} \times e | x \in V_1, e_2 \in E_2\}$。

因为 $|p_1(e)| = |e|$,因此超边 e 有 $|e|$ 个成对不同的第一个坐标。

定义 2.7 令 $H_1 = (V_1, E_1)$ 和 $H_2 = (V_2, E_2)$ 为两个超图,$H = H_1 \cup H_2$ 表示两个超图的并,则顶点集为 $V_1 \cup V_2$,边集为 $E_1 \cup E_2$。

定义 2.8 令 $H_1 = (V_1, E_1)$ 和 $H_2 = (V_2, E_2)$ 为两个超图,$H = H_1 + H_2$ 表示两个超图的联,则顶点集为 $V_1 \cup V_2$,边集为 $E(H) = \{e | e \in E(H_1), \text{ 或 } e \in E(H_2), \text{ 或 } |e \cap V(H_1)| \geqslant 1 \text{ 且 } |e \cap V(H_2)| \geqslant 1 \text{ 且 } e \notin E(H_1) \text{ 且 } e \notin E(H_2)\}$。

2.2 模糊超图的积运算

基于定义 1.29,本节将对模糊超图的积运算进行研究。

令 $\mathcal{H}_i = (\sigma_i, \mu_i)$ 是一个模糊超图,$i = 1, 2$,假设其基超图包含 m 个顶点。

定义 2.9 令 $\mathcal{H}_1 = (\sigma_1, \mu_1)$ 和 $\mathcal{H}_2 = (\sigma_2, \mu_2)$ 为两个模糊超图,其中 σ_1 和 σ_2 分别为顶点 V_1 和 V_2 的模糊子集,μ_1 和 μ_2 分别为超边集 E_1 和 E_2 的模糊子集。则两个模糊超图 $\mathcal{H}_1$ 和 $\mathcal{H}_2$ 的笛卡尔积 $\mathcal{H} = \mathcal{H}_1 \square \mathcal{H}_2$ 定义为:

$$\forall (v_1, v_2) \in V, (\sigma_1 \times \sigma_2)(v_1, v_2) = \wedge \{\sigma_1(v_1), \sigma_2(v_2)\}$$

$$\forall v_1 \in V_1, \forall e_2 \in E_2, \mu_1 \mu_2(\{v_1\} \times e_2) = \wedge \{\sigma_1(v_1), \mu_2(e_2)\}$$

$$\forall e_1 \in E_1, \forall v_2 \in V_2, \mu_1 \mu_2(e_1 \times \{v_2\}) = \wedge \{\mu_1(e_1), \sigma_2(v_2)\}$$

定理 2.1 如果 $\mathcal{H}_1$ 和 $\mathcal{H}_2$ 是模糊超图,则 $\mathcal{H}_1$ 与 $\mathcal{H}_2$ 的笛卡尔积图 $\mathcal{H}_1 \square \mathcal{H}_2$ 是模糊超图。

证明: 令 $v_1 \in V_1, e_1 \in E_1$。设 e_1 包含 p 个顶点,其中 $1 \leqslant p \leqslant m$ 且 $v_2 \in V_2$,$e_2 \in E_2$。设 e_2 包含 q 个顶点,其中 $1 \leqslant q \leqslant n$。则有:

$$(\mu_1\mu_2)(\{v_1\} \times e_2)$$

$$= \wedge[\sigma_1(v_1), \mu_2(e_2)]$$

$$\leqslant \wedge[\sigma_1(v_1), \bigwedge_{v_2 \in e_2} \sigma_2(v_2)]$$

$$= \wedge\{\sigma_1(v_1), \wedge[\sigma_2(v_{21}), \sigma_2(v_{22}), \cdots, \sigma_2(v_{2q})]\}$$

$$= \wedge\{\wedge[\sigma_1(v_1), \sigma_2(v_{21})], \wedge[\sigma_1(v_2), \sigma_2(v_{22})], \cdots, \wedge[\sigma_1(v_q), \sigma_2(v_{2q})]\}$$

$$= \wedge[(\sigma_1 \times \sigma_2)(v_1, v_{21}), (\sigma_1 \times \sigma_2)(v_1, v_{22}), \cdots, (\sigma_1 \times \sigma_2)(v_1, v_{2q})]$$

$$= \bigwedge_{v_1 \in e_1, v_2 \in e_2} (\sigma_1 \times \sigma_2)(v_1, v_2)$$

$$(\mu_1\mu_2)(e_1 \times \{v_2\})$$

$$= \wedge[\mu_1(e_1), \sigma_2(v_2)]$$

$$\leqslant \wedge[\bigwedge_{v_1 \in e_1} \sigma_1(v_1), \sigma_2(v_2)]$$

$$= \wedge\{\wedge[\sigma_1(v_{11}), \sigma_1(v_{12}), \cdots, \sigma_1(v_{1p})], \sigma_2(v_2)\}$$

$$= \wedge\{\wedge[\sigma_1(v_{11}), \sigma_2(v_2)], \wedge[\sigma_1(v_{12}), \sigma_2(v_2)], \cdots, \wedge[\sigma_1(v_{1p}), \sigma_2(v_2)]\}$$

$$= \wedge[(\sigma_1 \times \sigma_2)(v_{11}, v_2), (\sigma_1 \times \sigma_2)(v_{12}, v_2), \cdots, (\sigma_1 \times \sigma_2)(v_{1p}, v_2)]$$

$$= \bigwedge_{v_1 \in e_1, v_2 \in e_2} ((\sigma_1 \times \sigma_2)(v_1, v_2))$$

故而，$\mathcal{H}_1$ 与 $\mathcal{H}_2$ 的笛卡尔积图 $\mathcal{H}_1 \square \mathcal{H}_2$ 是模糊超图。

定义 2.10 令 $\mathcal{H}_1 = (\sigma_1, \mu_1)$ 和 $\mathcal{H}_2 = (\sigma_2, \mu_2)$ 为两个强模糊 $r-$ 一致超图，其中 σ_1 和 σ_2 分别为顶点 V_1 和 V_2 的模糊子集，μ_1 和 μ_2 分别为超边集 E_1 和 E_2 的模糊子集。则两个强模糊 $r-$ 一致超图 $\mathcal{H}_1$ 和 $\mathcal{H}_2$ 的强积 $\mathcal{H} = \mathcal{H}_1 \boxtimes \mathcal{H}_2$ 定义为：

$$\forall (v_1, v_2) \in V, (\sigma_1 \times \sigma_2)(v_1, v_2) = \wedge\{\sigma_1(v_1), \sigma_2(v_2)\}$$

$$\forall e_1 \in E_1, \forall e_2 \in E_2, \mu_1\mu_2(e_1 \times e_2) = \wedge\{\mu_1(e_1), \mu_2(e_2)\}$$

定理 2.2 如果 $\mathcal{H}_1$ 和 $\mathcal{H}_2$ 是两个强模糊 $r-$ 一致超图，则 $\mathcal{H}_1$ 与 $\mathcal{H}_2$ 的强积 $\mathcal{H}_1 \widehat{\boxtimes} \mathcal{H}_2$ 是强模糊 $r-$ 一致超图。

证明：令 $e_1 \in E_1$, $e_2 \in E_2$, 则有：

$$(\mu_1 \mu_2)(e_1 \times e_2)$$

$$= \wedge[\mu_1(e_1), \mu_2(e_2)]$$

$$= \wedge[\bigwedge_{v_1 \in e_1} \sigma_1(v_1), \bigwedge_{v_2 \in e_2} \sigma_2(v_2)]$$

$$= \wedge\{\wedge[\sigma_1(v_{11}), \sigma_2(v_{21})], \wedge[\sigma_1(v_{12}), \sigma_2(v_{22})], \cdots, \wedge[\sigma_1(v_{1r}), \sigma_2(v_{2r})]\}$$

$$= \wedge[(\sigma_1 \times \sigma_2)(v_{11}, v_{21}), (\sigma_1 \times \sigma_2)(v_{12}, v_{22}), \cdots, (\sigma_1 \times \sigma_2)(v_{1r}, v_{2r})]$$

$$= \bigwedge_{v_1 \in e_1, v_2 \in e_2} (\sigma_1 \times \sigma_2)(v_1, v_2)$$

故而, 两个强模糊 $r-$ 一致超图 $\mathcal{H}_1$ 和 $\mathcal{H}_2$ 的强积 $\mathcal{H}_1 \widehat{\boxtimes} \mathcal{H}_2$ 是强模糊 $r-$ 一致超图。

定义 2.11 令 $\mathcal{H}_1 = (\sigma_1, \mu_1)$ 和 $\mathcal{H}_2 = (\sigma_2, \mu_2)$ 为两个强模糊 $r-$ 一致超图, 其中 σ_1 和 σ_2 分别为顶点 V_1 和 V_2 的模糊子集, μ_1 和 μ_2 分别为超边集 E_1 和 E_2 的模糊子集。则两个强模糊 $r-$ 一致超图 $\mathcal{H}_1$ 和 $\mathcal{H}_2$ 的正规积 $\mathcal{H} = \mathcal{H}_1 \boxtimes \mathcal{H}_2$ 定义为：

$$\forall (v_1, v_2) \in V, (\sigma_1 \times \sigma_2)(v_1, v_2) = \wedge\{\sigma_1(v_1), \sigma_2(v_2)\}$$

$$\forall e_1 \in E_1, \forall e_2 \in E_2, \mu_1 \mu_2(e_1 \times e_2) = \wedge\{\mu_1(e_1), \mu_2(e_2)\}$$

定理 2.3 如果 $\mathcal{H}_1$ 和 $\mathcal{H}_2$ 是两个强模糊 $r-$ 一致超图, 则 $\mathcal{H}_1$ 与 $\mathcal{H}_2$ 的正规积 $\mathcal{H}_1 \boxtimes \mathcal{H}_2$ 是强模糊 $r-$ 一致超图。

证明： 显然, 根据正规积、强积的定义, 以及强模糊 $r-$ 一致超图的定义, 对于强模糊 $r-$ 一致超图 $\mathcal{H}_1$ 和 $\mathcal{H}_2$, $|e| = \max_{i=1,2}\{|p_i(e)|\}$ 与 $|e| = |p_i(e)| = \min_{j=1,2}\{|e_j|\}$ 相同。

其次, 在 $|e| = \max_{i=1,2}\{|p_i(e)|\}$ 和 $|e| = |p_i(e)| = \min_{j=1,2}\{|e_j|\}$ 的条件下, 当 $i = 1, 2$ 时, 边 $p_i(e) \in E(H_i)$ 与 $p_i(e) \subseteq e_i \in E(H_i)$ 相同。

因此, 对于强模糊 $r-$ 一致超图 $\mathcal{H}_1$ 和 $\mathcal{H}_2$, 其正规积 $\mathcal{H} = \mathcal{H}_1 \boxtimes \mathcal{H}_2$ 与强积 $\mathcal{H} = \mathcal{H}_1 \widehat{\boxtimes} \mathcal{H}_2$ 相同。

故而, 由定理 2.2 可知, 两个强模糊 $r-$ 一致超图 $\mathcal{H}_1$ 和 $\mathcal{H}_2$ 的正规积 $\mathcal{H} = \mathcal{H}_1 \boxtimes \mathcal{H}_2$ 是强模糊 $r-$ 一致超图。

定义 2.12 令 $\mathcal{H}_1 = (\sigma_1, \mu_1)$ 和 $\mathcal{H}_2 = (\sigma_2, \mu_2)$ 为两个强模糊 $r-$ 一致超图, 其中 σ_1 和 σ_2 分别为顶点 V_1 和 V_2 的模糊子集, μ_1 和 μ_2 分别为超边集 E_1 和

E_2 的模糊子集。则两个强模糊 $r-$ 一致超图 $\mathcal{H}_1$ 和 $\mathcal{H}_2$ 的字典积 $\mathcal{H} = \mathcal{H}_1 \circ \mathcal{H}_2$ 定义为:

$$\forall (v_1, v_2) \in V, (\sigma_1 \times \sigma_2)(v_1, v_2) = \wedge\{\sigma_1(v_1), \sigma_2(v_2)\}$$

对 $\forall e_1 \in E_1, \forall e_2 \in E_2$, 如果 $e_1 \in E_1, p(e_2) \subseteq V_2, |p_2(e)| \leqslant |e|$, 有 $\mu_1\mu_2(e_1 \times e_2) = \wedge\{\mu_1(e_1), \mu_2(e_2)\}$。

对 $\forall v_1 \in e_1 \in E_1, \forall e_2 \in E_2$, 有 $\mu_1\mu_2(\{v_1\} \times e_2) = \wedge\{\sigma_1(v_1), \mu_2(e_2)\}$。

定理 2.4　如果 $\mathcal{H}_1$ 和 $\mathcal{H}_2$ 是两个强模糊 $r-$ 一致超图, 则 $\mathcal{H}_1$ 与 $\mathcal{H}_2$ 的字典积 $\mathcal{H}_1 \circ \mathcal{H}_2$ 是强模糊 $r-$ 一致超图。

证明: 设 $e_1 \in E_1, p(e_2) \subseteq V_2, |p_2(e)| \leqslant |e|$, 则:

$$(\mu_1\mu_2)(e_1 \times e_2)$$

$$= \wedge[\mu_1(e_1), \mu_2(e_2)]$$

$$= \wedge[\bigwedge_{v_1 \in e_1} \sigma_1(v_1), \bigwedge_{v_2 \in e_2} \sigma_2(v_2)]$$

$$= \wedge\{\wedge[\sigma_1(v_{11}), \sigma_2(v_{21})], \wedge[\sigma_1(v_{12}), \sigma_2(v_{22})], \cdots, \wedge[\sigma_1(v_{1r}), \sigma_2(v_{2r})]\}$$

$$= \wedge[(\sigma_1 \times \sigma_2)(v_{11}, v_{21}), (\sigma_1 \times \sigma_2)(v_{12}, v_{22}), \cdots, (\sigma_1 \times \sigma_2)(v_{1r}, v_{2r})]$$

$$= \bigwedge_{v_1 \in e_1, v_2 \in e_2} (\sigma_1 \times \sigma_2)(v_1, v_2)$$

设 $v_1 \in e_1 \in E_1, e_2 \in E_2$, 则:

$$(\mu_1\mu_2)(\{v_1\} \times e_2)$$

$$= \wedge[\sigma_1(v_1), \mu_2(e_2)]$$

$$\leqslant \wedge[\sigma_1(v_1), \bigwedge_{v_2 \in e_2} \sigma_2(v_2)]$$

$$= \wedge\{\sigma_1(v_1), \wedge[\sigma_2(v_{21}), \sigma_2(v_{22}), \cdots, \sigma_2(v_{2q})]\}$$

$$= \wedge\{\wedge[\sigma_1(v_1), \sigma_2(v_{21})], \wedge[\sigma_1(v_2), \sigma_2(v_{22})], \cdots, \wedge[\sigma_1(v_r), \sigma_2(v_{2r})]\}$$

$$= \wedge[(\sigma_1 \times \sigma_2)(v_1, v_{21}), (\sigma_1 \times \sigma_2)(v_1, v_{22}), \cdots, (\sigma_1 \times \sigma_2)(v_1, v_{2r})]$$

$$= \bigwedge_{v_1 \in e_1, v_2 \in e_2} (\sigma_1 \times \sigma_2)(v_1, v_2)$$

故而, 两个强模糊 $r-$ 一致超图 $\mathcal{H}_1$ 和 $\mathcal{H}_2$ 的字典积 $\mathcal{H}_1 \circ \mathcal{H}_2$ 是强模糊 $r-$ 一致超图。

2.3 模糊超图的联运算、并运算

基于定义 1.29, 本节将对模糊超图的联运算、并运算进行研究。

定义 2.13 令 $H = H_1 \cup H_2$ 表示两个超图 $H_1 = (V_1, E_1)$, $H_2 = (V_2, E_2)$ 的并。令 σ_i 为 V_i 的模糊子集, μ_i 为 E_i 的模糊子集, $i = 1, 2$。则 $V_1 \cup V_2$ 的模糊子集 $\sigma_1 \cup \sigma_2$ 与 $E_1 \cup E_2$ 的模糊子集 $\mu_1 \cup \mu_2$ 定义为:

若 $v \in V_1$ 但 $v \notin V_2$, 则 $(\sigma_1 \cup \sigma_2)(v) = \sigma_1(v)$;

若 $v \in V_2$ 但 $v \notin V_1$, 则 $(\sigma_1 \cup \sigma_2)(v) = \sigma_2(v)$;

若 $v \in V_1 \cap V_2$, 则 $(\sigma_1 \cup \sigma_2)(v) = \vee[\sigma_1(v), \sigma_2(v)]$;

若 $e \in E_1$ 但 $e \notin E_2$, 则 $(\mu_1 \cup \mu_2)(e) = \mu_1(e)$;

若 $e \in E_2$ 但 $e \notin E_1$, 则 $(\mu_1 \cup \mu_2)(e) = \mu_1(e)$;

若 $e \in E_1 \cap E_2$, 则 $(\mu_1 \cup \mu_2)(e) = \vee[\mu_1(e), \mu_2(e)]$。

定理 2.5 令 $H = H_1 \cup H_2$ 是两个超图 H_1 和 H_2 的并。令 (σ_i, μ_i) 为 H_i 的模糊超图, $i = 1, 2$, 则 $(\sigma_1 \cup \sigma_2, \mu_1 \cup \mu_2)$ 是 H 的模糊超图。

证明: 根据定义 2.13, 我们分以下 3 种情况进行证明:

(1) 设 $e \in E_1$ 但 $e \notin E_2$, 则有:

$$(\mu_1 \cup \mu_2)(e) = \mu_1(e_1) \leqslant \bigwedge_{v_1 \in e_1} \sigma_1(v_1)$$

$$= \wedge\{\sigma(v_{11}), \sigma(v_{12}), \cdots, \sigma(v_{1p})\}$$

如果 $v_{11}, v_{12}, \cdots, v_{1p} \in V_1$ 但 $v_{11}, v_{12}, \cdots, v_{1p} \notin V_2$, 则有:

$$\wedge\{\sigma(v_{11}), \sigma(v_{12}), \cdots, \sigma(v_{1p})\}$$

$$= \wedge[(\sigma_1 \cup \sigma_2)(v_{11}), (\sigma_1 \cup \sigma_2)(v_{12}), \cdots, (\sigma_1 \cup \sigma_2)(v_{1p})]$$

如果 $v_{11}, v_{12}, \cdots, v_{1t} \in V_1 - V_2$, $v_{i1}, v_{i2}, \cdots, v_{is} \in V_1 \cap V_2$, $i = 1, 2$, $t, s \geqslant 1$, 且 $t + s = p$, 则有:

$$\wedge\{\sigma(v_{11}), \sigma(v_{12}), \cdots, \sigma(v_{1p})\}$$

$$= \wedge\{(\sigma_1 \cup \sigma_2)(v_{11}), (\sigma_1 \cup \sigma_2)(v_{12}), \cdots, (\sigma_1 \cup \sigma_2)(v_{1t}), \vee[\sigma_1(v_{i1}), \sigma_2(v_{i1})],$$

$$\vee[\sigma_1(v_{i2}), \sigma_2(v_{i2})], \vee[\sigma_1(v_{is}), \sigma_2(v_{is})]\}$$

$$= \wedge[(\sigma_1 \cup \sigma_2)(v_{11}), (\sigma_1 \cup \sigma_2)(v_{12}), \cdots, (\sigma_1 \cup \sigma_2)(v_{1t}), (\sigma_1 \cup \sigma_2)(v_{i1}),$$

$$(\sigma_1 \cup \sigma_2)(v_{i2}), \cdots, (\sigma_1 \cup \sigma_2)(v_{is})]$$

$$= \wedge[(\sigma_1 \cup \sigma_2)(v_{11}), (\sigma_1 \cup \sigma_2)(v_{12}), \cdots, (\sigma_1 \cup \sigma_2)(v_{1p})]$$

最后一个等式成立是因为 $v_{i1}, v_{i2}, \cdots, v_{is} \in V_1 \cap V_2$ 并且模糊超边中的点是没有顺序的, 因此我们可以将点 $v_{i1}, v_{i2}, \cdots, v_{is}$ 看做是模糊超边 e_1 中的第 $t+1, t+2, \cdots, p$ 个顶点。

如果 $v_{i1}, v_{i2}, \cdots, v_{ip} \in V_1 \cap V_2$, 则有:

$$\wedge\{\sigma(v_{11}), \sigma(v_{12}), \cdots, \sigma(v_{1p})\}$$

$$= \wedge\{\vee[\sigma_1(v_{i1}), \sigma_2(v_{i1})], \vee[\sigma_1(v_{i2}), \sigma_2(v_{i2})], \cdots, \vee[\sigma_1(v_{ip}), \sigma_2(v_{ip})]\}$$

$$= \wedge[(\sigma_1 \cup \sigma_2)(v_{i1}), (\sigma_1 \cup \sigma_2)(v_{i2}), \cdots, (\sigma_1 \cup \sigma_2)(v_{ip})]$$

(2) 设 $e \in E_2$ 但 $e \notin E_1$, 则有:

$$\mu_1 \cup \mu_2(e) = \mu_2(e_2) \leqslant \bigwedge_{v_2 \in e_2} \sigma_2(v_2)$$

$$= \wedge[\sigma(v_{21}), \sigma(v_{22}), \cdots, \sigma(v_{2p})]$$

如果 $v_{21}, v_{22}, \cdots, v_{2p} \in V_2$ 但 $v_{21}, v_{22}, \cdots, v_{2p} \notin V_1$, 则有:

$$\wedge[\sigma(v_{21}), \sigma(v_{22}), \cdots, \sigma(v_{2p})]$$

$$= \wedge[(\sigma_1 \cup \sigma_2)(v_{21}), (\sigma_1 \cup \sigma_2)(v_{22}), \cdots, (\sigma_1 \cup \sigma_2)(v_{2p})]$$

如果 $v_{21}, v_{22}, \cdots, v_{2t} \in V_2 - V_1$, $v_{i1}, v_{i2}, \cdots, v_{is} \in V_1 \cap V_2$, $i = 1, 2$, $t, s \geqslant 1$, 且 $t + s = p$, 则有:

$$\wedge[\sigma(v_{21}), \sigma(v_{22}), \cdots, \sigma(v_{2p})]$$

$$= \wedge\{(\sigma_1 \cup \sigma_2)(v_{21}), (\sigma_1 \cup \sigma_2)(v_{22}), \cdots, (\sigma_1 \cup \sigma_2)(v_{2t}), \vee[\sigma_1(v_{i1}), \sigma_2(v_{i1})],$$

$$\vee[\sigma_1(v_{i2}), \sigma_2(v_{i2})], \vee[\sigma_1(v_{is}), \sigma_2(v_{is})]\}$$

$$= \wedge[(\sigma_1 \cup \sigma_2)(v_{21}), (\sigma_1 \cup \sigma_2)(v_{22}), \cdots, (\sigma_1 \cup \sigma_2)(v_{2t}), (\sigma_1 \cup \sigma_2)(v_{i1}),$$

$$(\sigma_1 \cup \sigma_2)(v_{i2}), \cdots, (\sigma_1 \cup \sigma_2)(v_{is})]$$

$$= \wedge[(\sigma_1 \cup \sigma_2)(v_{21}), (\sigma_1 \cup \sigma_2)(v_{22}), \cdots, (\sigma_1 \cup \sigma_2)(v_{2p})]$$

最后一个等式成立是因为 $v_{i1}, v_{i2}, \cdots, v_{is} \in V_1 \cap V_2$ 并且超边中的点是没有顺序的, 因此我们可以将点 $v_{i1}, v_{i2}, \cdots, v_{is}$ 看做是超边 e_1 中的第 $t+1, t+2, \cdots, p$ 个顶点。

如果 $v_{i1}, v_{i2}, \cdots, v_{ip} \in V_1 \cap V_2$, 则有:

$$\wedge [\sigma(v_{21}), \sigma(v_{22}), \cdots, \sigma(v_{2p})]$$

$$= \wedge \{\vee[\sigma_1(v_{i1}), \sigma_2(v_{i1})], \vee[\sigma_1(v_{i2}), \sigma_2(v_{i2})], \cdots, \vee[\sigma_1(v_{ip}), \sigma_2(v_{ip})]\}$$

$$= \wedge [(\sigma_1 \cup \sigma_2)(v_{i1}), (\sigma_1 \cup \sigma_2)(v_{i2}), \cdots, (\sigma_1 \cup \sigma_2)(v_{ip})]$$

(3) 设 $e \in E_2 \cap E_1$, 则有:

$$(\mu_1 \cup \mu_2)(e)$$

$$= \vee[\mu_1(e), \mu_2(e)]$$

$$\leqslant \vee\{\wedge[\sigma_1(v_{i1}), \sigma_1(v_{i2}), \cdots, \sigma_1(v_{ip})], \wedge[\sigma_2(v_{i1}), \sigma_2(v_{i2}), \cdots, \sigma_2(v_{ip})]\}$$

$$\leqslant \wedge\{\vee[\sigma_1(v_{i1}), \sigma_2(v_{i1})], \vee[\sigma_1(v_{i2}), \sigma_2(v_{i2})], \cdots, \vee[\sigma_1(v_{ip}), \sigma_2(v_{ip})]\}$$

$$= \wedge[(\sigma_1 \cup \sigma_2)(v_{i1}), (\sigma_1 \cup \sigma_2)(v_{i2}), \cdots, (\sigma_1 \cup \sigma_2)(v_{ip})]$$

故而, $(\sigma_1 \cup \sigma_2, \mu_1 \cup \mu_2)$ 是 H 的模糊超图。

例 2.1 设 $V_1 = \{a, b, c, d, e\}$, $V_2 = \{a, c, d, e, f\}$, $E_1 = \{e_{11}, e_{12}\}$, $E_2 = \{e_{21}, e_{22}\}$, 其中 $e_{11} = \{a, b, c\}$, $e_{12} = \{c, d, e\}$, $e_{21} = \{c, d, e\}$, $e_{22} = \{e, f, a\}$, 如图 2.2 所示。

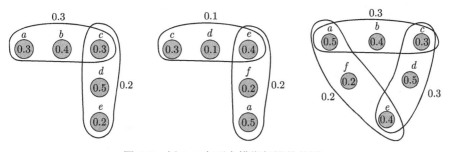

图 2.2 例 2.1 中两个模糊超图的并图

顶点集 V_1, V_2, 超边集 E_1, E_2 的模糊子集 $\sigma_1, \sigma_2, \mu_1, \mu_2$ 分别定义为: $\sigma_1(a) = 0.3$, $\sigma_1(b) = 0.4$, $\sigma_1(c) = 0.3$, $\sigma_1(d) = 0.5$, $\sigma_1(e) = 0.2$, $\mu_1(e_{11}) = 0.3$, $\mu_1(e_{12}) = $

0.5, $\sigma_2(c) = 0.3$, $\sigma_2(d) = 0.1$, $\sigma_2(e) = 0.4$, $\sigma_2(f) = 0.2$, $\sigma_2(a) = 0.5$, $\mu_2(e_{21}) = 0.1$, $\mu_2(e_{22}) = 0.2$。

由定义 2.13 和定理 2.5 可以得到, $H = H_1 \cup H_2$ 的顶点集 $V(H) = \{a, b, c, d, e, f\}$, $H = H_1 \cup H_2$ 的边集 $E(H) = \{e'_1, e'_2, e'_3\}$, 其中 $e'_1 = \{a, b, c\}$, $e'_2 = \{c, d, e\}$, $e'_3 = \{e, f, a\}$, $\sigma(a) = 0.5$, $\sigma(b) = 0.4$, $\sigma(c) = 0.3$, $\sigma(d) = 0.5$, $\sigma(e) = 0.4$, $\sigma(f) = 0.2$, $\mu(e'_1) = 0.3$, $\mu(e'_2) = 0.3$, $\mu(e'_3) = 0.2$。

定义 2.14 设两个超图 $H_1 = (V_1, E_1)$, $H_2 = (V_2, E_2)$ 的联图为 $H = H_1 + H_2 = (V_1 + V_2, E_1 + E_2 + E')$。令 σ_i 为 V_i 的模糊子集, μ_i 为 E_i 的模糊子集, $i = 1, 2$, 则超图的联图 $H = H_1 + H_2 = (V_1 + V_2, E_1 + E_2 + E')$ 的模糊子集为:

$$(\sigma_1 + \sigma_2)(v) = (\sigma_1 \cup \sigma_2)(v)$$

当 $e \in E_1 \cup E_2$ 时,

$$(\mu_1 + \mu_2)(e) = (\mu_1 \cup \mu_2)(e)$$

当 $e = \{v_{11}, v_{12}, \cdots, v_{1s}, v_{21}, v_{22}, \cdots, v_{2t}\} \in E'$ 时

$$(\mu_1 + \mu_2)(e) = \wedge[\sigma_1(v_{11}), \sigma_1(v_{12}), \cdots, \sigma_1(v_{1s})$$

定理 2.6 令 $H = H_1 + H_2$ 为两个超图 H_1 和 H_2 的联图, 令 (σ_i, μ_i) 是 H_i 的模糊子图, $i = 1, 2$, 则 $(\sigma_1 + \sigma_2, \mu_1 + \mu_2)$ 为 $H = H_1 + H_2$ 的模糊子图。

证明: 根据定义 2.13, 我们分以下两种情况进行证明:

(1) 设 $e \in E_1 \cup E_2$。

对于此种情况, 根据定义 2.13, 我们需要证明以下 3 种情况:

1) 若 $e \in E_1$ 但 $e \notin E_2$, 则 $(\mu_1 \cup \mu_2)(e) = \mu_1(e)$;

2) 若 $e \in E_2$ 但 $e \notin E_1$, 则 $(\mu_1 \cup \mu_2)(e) = \mu_2(e)$;

3) 若 $e \in E_1 \cap E_2$, 则 $(\mu_1 \cup \mu_2)(e) = \vee[\mu_1(e), \mu_2(e)]$。

以上 3 种情况的证明同定理 2.5。

(2) 设 $e \in X'$, 则有:

$$(\mu_1 + \mu_2)(e)$$

$$\leqslant \wedge[\sigma_1(v_{11}), \sigma_1(v_{12}), \cdots, \sigma_1(v_{1s}), \sigma_2(v_{21}), \sigma_2(v_{22}), \cdots, \sigma_2(v_{2t})]$$

$$= \wedge[(\sigma_1 \cup \sigma_2)(v_{11}), (\sigma_1 \cup \sigma_2)(v_{12}), \cdots, (\sigma_1 \cup \sigma_2)(v_{1s}), (\sigma_1 \cup \sigma_2)(v_{21}),$$

$$(\sigma_1 \cup \sigma_2)(v_{22}), \cdots, (\sigma_1 \cup \sigma_2)(v_{2t})]$$

$$= \wedge[(\sigma_1 + \sigma_2)(v_{11}), (\sigma_1 + \sigma_2)(v_{12}), \cdots, (\sigma_1 + \sigma_2)(v_{1s}), (\sigma_1 + \sigma_2)(v_{21}),$$

$$(\sigma_1 + \sigma_2)(v_{22}), \cdots, (\sigma_1 + \sigma_2)(v_{2t})]$$

故而，$(\sigma_1 + \sigma_2, \mu_1 + \mu_2)$ 为 $H = H_1 + H_2$ 的模糊子图。

注记 2.1 模糊超图 $(\sigma_1 + \sigma_2, \mu_1 + \mu_2)$ 叫做模糊超图 (σ_1, μ_1) 与 (σ_2, μ_2) 的联图。

定义 2.15 令 (σ, μ) 为超图 $H = (V, E)$ 的模糊图，则 (σ, μ) 为 H 的强模糊超图当且仅当 $\mu(e) = \bigwedge_{v \in e} \sigma(v)$。

定理 2.7 如果 $H = H_1 + H_2$ 为两个超图 H_1 与 H_2 的联图，那么 $H = H_1 + H_2$ 的强模糊超图 (σ, μ) 为 H_1 的强模糊超图 (σ_1, μ_1) 与 H_2 的强模糊超图 (σ_2, μ_2) 的联图。

证明：顶点集 V_1, V_2 的模糊子集 σ_1, σ_2, 边集 E_1, E_2 的模糊子集 μ_1, μ_2 分别为：

当 $v \in V_i$ 时，$\sigma_i(v) = \sigma(v)$, 当 $e \in E_i$ 时，$\mu_i(e) = \mu(e)$, $i = 1, 2$, 那么 (σ_i, μ_i) 是 H_i 的模糊超图，$i = 1, 2$。

$\sigma(v) = (\sigma_1 + \sigma_2)(v) = (\sigma_1 \cup \sigma_2)(v)$, 其证明如定理 2.5。

若 $e \in E_1 \cup E_2$, 那么 $\mu(e) = (\mu_1 + \mu_2)(e)$, 证明过程如定理 2.5。

设 $e \in E'$, 其中 $v_{11}, v_{12}, \cdots, v_{1s} \in E_1$ 且 $v_{21}, v_{22}, \cdots, v_{2t} \in V_2$, 那么

$$(\mu_1 + \mu_2)(v)$$

$$= \wedge[\sigma_1(v_{11}), \sigma_1(v_{12}), \cdots, \sigma_1(v_{1s}), \sigma_2(v_{21}), \sigma_2(v_{22}), \cdots, \sigma_2(v_{2t})]$$

$$= \wedge[\sigma(v_{11}), \sigma(v_{12}), \cdots, \sigma(v_{1s}), \sigma(v_{21}), \sigma(v_{22}), \cdots, \sigma(v_{2t})]$$

$$= \mu(e)$$

最后一个等式成立是因为 (σ, μ) 为 H 的强模糊超图。

故而，模糊超图 (σ, μ) 为 H_1 的强模糊超图 (σ_1, μ_1) 与 H_2 的强模糊超图 (σ_2, μ_2) 的联图。

注记 2.2 令 σ_1, σ_2, μ_1, μ_2 分别为 V_1, V_2, E_1, E_2 的模糊子集。那么 $(\sigma_1 \cup \sigma_2, \mu_1 \cup \mu_2)$ 是 $H_1 \cup H_2$ 的模糊超图，但 (σ_i, μ_i) 不一定是 H_i 的模糊超图，其中 $i = 1, 2$。

例 2.2 令 $V_1 = V_2 = \{a, b, c\}$, $E_1 = E_2 = \{a, b, c\}$, V_1, V_2, E_1, E_2 的模糊子集 σ_1, σ_2, μ_1, μ_2 分别为：$\sigma_1(a) = \sigma_2(b) = 1$, $\sigma_1(b) = \sigma_2(c) = \frac{1}{4}$, $\sigma_1(c) = \sigma_2(a) = \frac{1}{3}$, $\mu_1(e) = \mu_2(e) = \frac{1}{2}$。显然，$(\sigma_i, \mu_i)$ 不是 H_i, $i = 1, 2$ 的模糊超图，但是

$$(\mu_1 \cup \mu_2)(e) = \vee\{\mu_1(e) \cup \mu_2(e)\}(e) = \frac{1}{2} < 1$$

$$\vee \{\mu_1(e) \cup \mu_2(e)\}(e)$$

$$= \wedge \{\vee\{\sigma_1(a), \sigma_2(a)\}, \vee\{\sigma_1(b), \sigma_2(b)\}, \vee\{\sigma_1(c), \sigma_2(c)\}\}$$

$$= \wedge\{(\sigma_1 \cup \sigma_2)(a), (\sigma_1 \cup \sigma_2)(b), (\sigma_1 \cup \sigma_2)(c)\}$$

因此，$(\sigma_1 \cup \sigma_2, \mu_1 \cup \mu_2)$ 是 $H_1 \cup H_2$ 的模糊超图。

由例 2.2 可知，若 σ_1, σ_2, μ_1, μ_2 分别为 V_1, V_2, E_1, E_2 的模糊子集。那么 $(\sigma_1 \cup \sigma_2, \mu_1 \cup \mu_2)$ 是 $H_1 \cup H_2$ 的模糊超图，但 (σ_i, μ_i) 不一定是 H_i 的模糊超图，其中 $i = 1, 2$。

定理 2.8 设 $H_1 = (V_1, E_1)$, $H_2 = (V_2, E_2)$ 为超图，且设 $H_1 \cap H_2 = \varnothing$，令 σ_1, σ_2, μ_1, μ_2 分别为 V_1, V_2, E_1, E_2 的模糊子集。那么 $(\sigma_1 \cup \sigma_2, \mu_1 \cup \mu_2)$ 为 $H_1 \cup H_2$ 的强模糊超图当且仅当 (σ_1, μ_1) 与 (σ_2, μ_2) 分别为 H_1 与 H_2 的强模糊超图。

证明：设 $(\sigma_1 \cup \sigma_2, \mu_1 \cup \mu_2)$ 为 $H_1 \cup H_2$ 的强模糊超图，令 $e \in E_1$，那么 $e \notin E_2$ 且 e 中的顶点属于 V_1 但是不属于 V_2。设 $e = \{v_{11}, v_{12}, \cdots, v_{1s}\}$，则有：

$$\mu_1(e) = (\mu_1 \cup \mu_2)(e)$$

$$\leqslant \min[(\sigma_1 \cup \sigma_2)(v_{11}), (\sigma_1 \cup \sigma_2)(v_{12}), \cdots, (\sigma_1 \cup \sigma_2)(v_{1s})]$$

$$= \min[\sigma_1(v_{11}), \sigma_1(v_{12}), \cdots, \sigma_1(v_{1s})]$$

因此，(σ_1, μ_1) 是 H_1 的强模糊超图。

相似的，(σ_2, μ_2) 是 H_2 的强模糊超图；反之见定理 2.5。

定理 2.9 设 $H_1 = (V_1, E_1)$, $H_2 = (V_2, E_2)$ 为超图，且设 $H_1 \cap H_2 = \varnothing$。令 σ_1, σ_2, μ_1, μ_2 分别为 V_1, V_2, E_1, E_2 的模糊子集，那么 $(\sigma_1 + \sigma_2, \mu_1 + \mu_2)$ 为 $H_1 + H_2$ 的强模糊超图。

证明：若 (σ_1, μ_1) 与 (σ_2, μ_2) 分别为 H_1 与 H_2 的强模糊超图，则由定义 2.15 可知

$$\mu_1(e) = \bigwedge_{v \in e_1} \sigma_1(v)$$

$$\mu_2(e) = \bigwedge_{v \in e_2} \sigma_2(v)$$

根据定理 2.6 且因为 $H_1 \cap H_2 = \varnothing$，我们仅需证明当

$$e \in E_1 \cup E_2$$

时, 有

$$\mu(e) = \bigwedge_{v \in e} \sigma(v)$$

我们分以下两种情况进行证明:

(1) 设 $e \in E_1 \cup E_2$。

对于此种情况, 根据定义 2.13 且由于 $H_1 \cap H_2 = \varnothing$, 我们需要证明:

1) 若 $e \in E_1$, 则 $(\mu_1 \cup \mu_2)(e) = \mu_1(e)$;

2) 若 $e \in E_2$, 则 $(\mu_1 \cup \mu_2)(e) = \mu_2(e)$。

以上两种情况的证明同定理 2.5。

(2) 设 $e \in X'$, 则有:

$(\mu_1 + \mu_2)(e)$

$= \wedge[\sigma_1(v_{11}), \sigma_1(v_{12}), \cdots, \sigma_1(v_{1s}), \sigma_2(v_{21}), \sigma_2(v_{22}), \cdots, \sigma_2(v_{2t})]$

$= \wedge[(\sigma_1 \cup \sigma_2)(v_{11}), (\sigma_1 \cup \sigma_2)(v_{12}), \cdots, (\sigma_1 \cup \sigma_2)(v_{1s}), (\sigma_1 \cup \sigma_2)(v_{21}),$

$(\sigma_1 \cup \sigma_2)(v_{22}), \cdots, (\sigma_1 \cup \sigma_2)(v_{2t})]$

$= \wedge[(\sigma_1 + \sigma_2)(v_{11}), (\sigma_1 + \sigma_2)(v_{12}), \cdots, (\sigma_1 + \sigma_2)(v_{1s}), (\sigma_1 + \sigma_2)(v_{21}),$

$(\sigma_1 + \sigma_2)(v_{22}), \cdots, (\sigma_1 + \sigma_2)(v_{2t})]$

因此, 若 $\sigma_1, \sigma_2, \mu_1, \mu_2$ 分别为 V_1, V_2, E_1, E_2 的模糊子集, 那么 $(\sigma_1 + \sigma_2, \mu_1 + \mu_2)$ 为 $H_1 + H_2$ 的强模糊超图。

2.4 本章小结

首先, 本章在超图的积运算定义的基础上, 给出了两个模糊超图 $\mathcal{H}_1 = (\sigma_1, \mu_1)$ 和 $\mathcal{H}_2 = (\sigma_2, \mu_2)$ 的笛卡尔积的定义: $\forall (v_1, v_2) \in V$, $(\sigma_1 \times \sigma_2)(v_1, v_2) = \wedge\{\sigma_1(v_1), \sigma_2(v_2)\}$, $\forall v_1 \in V_1, \forall e_2 \in E_2$, $\mu_1\mu_2(\{v_1\} \times e_2) = \wedge\{\sigma_1(v_1), \mu_2(e_2)\}$, $\forall e_1 \in E_1, \forall v_2 \in V_2$, $\mu_1\mu_2(e_1 \times \{v_2\}) = \wedge\{\mu_1(e_1), \sigma_2(v_2)\}$, 并证明了两个模糊超图 $\mathcal{H}_1 = (\sigma_1, \mu_1)$ 和 $\mathcal{H}_2 = (\sigma_2, \mu_2)$ 的笛卡尔积 $\mathcal{H}_1 \square \mathcal{H}_2$ 仍是模糊超图。

其次, 定义了两个强模糊 $r-$ 一致超图 $\mathcal{H}_1$ 和 $\mathcal{H}_2$ 的强积: $\forall (v_1, v_2) \in V$, $(\sigma_1 \times \sigma_2)(v_1, v_2) = \wedge\{\sigma_1(v_1), \sigma_2(v_2)\}$, $\forall e_1 \in E_1, \forall e_2 \in E_2$, $\mu_1\mu_2(e_1 \times e_2) = \wedge\{\mu_1(e_1), \mu_2(e_2)\}$; 两个强模糊 $r-$ 一致超图 $\mathcal{H}_1$ 和 $\mathcal{H}_2$ 的正规积; 两个强模糊 $r-$ 一致超图 $\mathcal{H}_1$ 和 $\mathcal{H}_2$ 的字典积: $\forall (v_1, v_2) \in V$, $(\sigma_1 \times \sigma_2)(v_1, v_2) = \wedge\{\sigma_1(v_1), \sigma_2(v_2)\}$,

对 $\forall e_1 \in E_1, \forall e_2 \in E_2$，如果 $e_1 \in E_1, p(e_2) \subseteq V_2, |p_2(e)| \leqslant |e|$，有 $\mu_1\mu_2(e_1 \times e_2) = \wedge\{\mu_1(e_1), \mu_2(e_2)\}$，对 $\forall v_1 \in e_1 \in E_1, \forall e_2 \in E_2$，有 $\mu_1\mu_2(\{v_1\} \times e_2) = \wedge\{\sigma_1(v_1), \mu_2(e_2)\}$。且证明了两个强模糊 $r-$ 一致超图 $\mathcal{H}_1$ 和 $\mathcal{H}_2$ 的强积 $\mathcal{H} = \mathcal{H}_1 \boxtimes \mathcal{H}_2$、正规积 $\mathcal{H} = \mathcal{H}_1 \boxtimes \mathcal{H}_2$、字典积 $\mathcal{H} = \mathcal{H}_1 \circ \mathcal{H}_2$ 仍为强模糊 $r-$ 一致超图。

最后，定义了两个模糊超图 $H_1 = (V_1, E_1)$，$H_2 = (V_2, E_2)$ 的并：若 $v \in V_1$ 但 $v \notin V_2$，则 $(\sigma_1 \cup \sigma_2)(v) = \sigma_1(v)$；若 $v \in V_2$ 但 $v \notin V_1$，则 $(\sigma_1 \cup \sigma_2)(v) = \sigma_2(v)$；若 $v \in V_1 \cap V_2$，则 $(\sigma_1 \cup \sigma_2)(v) = \vee[\sigma_1(v), \sigma_2(v)]$；若 $e \in E_1$ 但 $e \notin E_2$，则 $(\mu_1 \cup \mu_2)(e) = \mu_1(e)$；若 $e \in E_2$ 但 $e \notin E_1$，则 $(\mu_1 \cup \mu_2)(e) = \mu_1(e)$；若 $e \in E_1 \cap E_2$，则 $(\mu_1 \cup \mu_2)(e) = \vee[\mu_1(e), \mu_2(e)]$。定义了两个模糊超图 $H_1 = (V_1, E_1)$，$H_2 = (V_2, E_2)$ 的联：$(\sigma_1 + \sigma_2)(v) = (\sigma_1 \cup \sigma_2)(v)$，当 $e \in E_1 \cup E_2$ 时，$(\mu_1 + \mu_2)(e) = (\mu_1 \cup \mu_2)(e)$；当 $e = \{v_{11}, v_{12}, \cdots, v_{1s}, v_{21}, v_{22}, \cdots, v_{2t}\} \in E'$ 时，$(\mu_1 + \mu_2)(e) = \wedge[\sigma_1(v_{11}), \sigma_1(v_{12}), \cdots, \sigma_1(v_{1s})]$。证明了两个超图 $H_1 = (V_1, E_1)$，$H_2 = (V_2, E_2)$ 的并图 $H = H_1 \cup H_2$ 及联图 $H = H_1 + H_2 = (V_1 + V_2, E_1 + E_2 + E')$ 的模糊图 (σ_1, μ_1)，(σ_2, μ_2) 仍为模糊超图。

本章对模糊超图结构性质的研究，为后续利用工作中利用图及模糊超图来研究模糊信息系统的表示和决策理论奠定了基础。

3 模糊超图与模糊信息表、模糊形式背景的等价表示

形式概念分析 (FCA) 起初主要是基于经典形式背景来进行的[128]，形式背景用他们所拥有的属性来描述对象。一个形式化的概念是一个对象、属性对 (O,P)，使得 O 中的对象都具有 P 中的所有属性。特别地，一些学者将 FCA 用于信息系统的研究中。信息系统 (或信息表) 收集一组对象关于某些属性的值，然后根据对象类中的等价关系对所有对象进行划分。由对象和等价关系组成的系统 (U,R) 称为近似空间，可以用粗糙集理论 (RST) 的方法对其进行分析。然而，传统的形式概念分析无法解决实际问题中不确定性和模糊性信息越来越多的情况，因此，Quan 等人[129] 提出了模糊形式概念分析 (FFCA) 的方法，就是将形式概念分析与 Zadeh 的模糊集合理论相结合的理论。在模糊形式概念分析中，模糊形式概念的属性值直接用隶属度表示，这样建立的模糊概念格更为简单。该方法产生的模糊概念格是一个完备格，并且它还支持模糊形式概念之间相似度的计算。

对于传统的形式概念分析，如果我们将属性值集合固定为 $\{0,1\}$，那么信息系统就被称为布尔的，容易证明布尔信息系统等价于 FCA[130]。还有几位学者研究了 RST 和 FCA 之间的联系，并将这两种理论以几种方式混合在一起[131-134]。另外，在其他一些文献 [80,82,135,136] 中，构造了与特定类型的形式上下文和布尔信息表相关的特定超图。例如，Stell 将粗糙集和形式概念思想应用于超图: 在文献 [82] 中引入了粗糙的超图理论，同样在文献 [136] 中，用超图的关系推广了 FCA 而不是用集合理论对其进行推广。文献 [135] 的结果直接把一个超图与形式背景相关联，文献 [35] 研究了超图与形式概念分析及粗糙集的等价表示关系，结果表明超图在形式概念分析中的应用，有效解决了布尔信息系统中的不可分类、函数依赖和约简。2017 年，Gong 和 Wang[137] 研究了模糊形式概念分析与模糊超图、模糊信息系统的等价表示，解决了模糊信息系统中的不可分类、函数依赖和约简问题。

本章第 3.1 节介绍了模糊形式概念分析及模糊等价关系的定义，这些定义是研究模糊超图与模糊形式概念分析关系的基础。第 3.2 节给出了模糊形式背景与模糊信息表的等价表示定义，建立起模糊形式背景与模糊信息表的等价表示关系，并给出实例进行具体说明。第 3.3 节中给出了模糊超图与模糊信息表、模糊形式

背景的等价表示定理。其中 3.3.1 节主要证明了模糊超图与模糊信息表可以等价
表示, 3.3.2 节主要证明了模糊超图与模糊形式背景可以等价表示。第 3.4 节给出
一个完全 $k-$ 一致模糊超图及与其等价的模糊信息系统的实例。

3.1　模糊形式概念分析

在形式概念分析中, 数据是以形式背景的形式来展现的, 下面给出模糊形式
概念分析的定义。

定义 3.1　一个模糊形式背景[27] 是一个三元组 $\tilde{K} = (G, M, \tilde{R} = \varphi(G \times M))$,
其中 G 为所有对象的集合, M 为所有属性的集合, $\tilde{R}$ 是一个在域 $G \times M$ 上定义
的模糊集, 每个关系中的元素 (g, m) 均有一个隶属度 $\mu_{\tilde{R}}(g, m), 0 \leqslant \mu_{\tilde{R}}(g, m) \leqslant 1$。
集合 $\tilde{R} = \varphi(G \times M) = \{((g, m), \mu_{\tilde{R}}(g, m)) | \forall g \in G, m \in M, \mu_{\tilde{R}}(g, m) : G \times M \to [0, 1]\}$ 是 $G \times M$ 上的模糊关系。

定义 3.2　给定一个模糊形式背景[138] $\tilde{K} = (G, M, \tilde{R})$ 和一个置信度阈值 λ,
其中 $0 < \lambda \leqslant 1$, 对 $A \subseteq G$, 我们定义 $A^* = \{m \in M | \forall g \in A, \mu_{\tilde{R}}(g, m) \geqslant \lambda\}$,
对 $B \subseteq M$, 我们定义 $B^* = \{g \in G | \forall m \in B, \mu_{\tilde{R}}(g, m) \geqslant \lambda\}$。具有置信度阈值 λ
的模糊形式背景 $\tilde{K}$ 下的模糊形式概念 (或模糊概念) A_f 是一对 $(\varphi(A), B)$, 其中
$A \subseteq G, \varphi(A) = \{(g, \mu_{\varphi(A)}(g)) | \forall g \in A\}, B \subseteq M, A^* = B$ 且 $B^* = A$。每一个对
象 g 的隶属度 $\mu_{\varphi(A)}$ 定义为:

$$\mu_{\varphi(A)} = \min_{m \in B} \mu_{\tilde{R}}(g, m)$$

其中 $\mu_{\tilde{R}}(g, m)$ 是对象 g 和属性 m 之间定义在 $\tilde{R}$ 上的隶属度值。注意到如果
$B = \varnothing$, 那么对于每一个 g 均有 $\mu(g) = 1$。A 和 B 分别为形式概念 $(\varphi(A), B)$ 的
外延和内涵。

定义 3.3　令 $(\varphi(A_1), B_1)$ 和 $(\varphi(A_2), B_2)$ 为模糊形式背景[138] $(G, M, \tilde{R})$ 下的
两个模糊形式概念。$(\varphi(A_1), B_1)$ 是 $(\varphi(A_2), B_2)$ 的子概念, 表示为 $(\varphi(A_1), B_1) \leqslant (\varphi(A_2), B_2)$, 当且仅当 $\varphi(A_1) \subseteq \varphi(A_2) (\Leftrightarrow B_2 \subseteq B_1)$。同样的, $(\varphi(A_2), B_2)$ 为
$(\varphi(A_1), B_1)$ 的超概念。

定义 3.4　具有置信度阈值 λ 的模糊形式背景 $\tilde{K}$ 下的模糊概念格 $F(\tilde{K})$ 是
所有 $\tilde{K}$ 下具有偏序关系 " $\leqslant$ " 且置信度阈值为 λ 的模糊概念的集合[138]。

3.2　模糊形式背景与模糊信息表的等价表示

定理 3.1　任意模糊形式背景 $\tilde{K} = (G, M, \tilde{R})$ 都能被唯一地表示为模糊信息
表 $\tilde{\mathcal{I}} = \langle U, \tilde{A}, [0, 1], \tilde{F} \rangle$, 反之亦然。

证明： 设 $\tilde{K} = (G, M, \tilde{\mathcal{R}})$ 是一个模糊形式背景。

为了将 $\tilde{K}$ 表示为模糊信息表 $\tilde{\mathcal{I}} = \langle U, \tilde{A}, [0,1], \tilde{F} \rangle$，我们令 $U = G$，$\tilde{A} = M$，如果有 $g\tilde{\mathcal{R}}m$，则 $F(g, m) = \mu(g)$，其他情况下 $F(g, m) = 0$。

另外，如果给出模糊信息表 $\tilde{\mathcal{I}} = \langle U, \tilde{A}, [0,1], \tilde{F} \rangle$，我们可以将模糊信息表看做模糊形式背景 $\tilde{K} = (G, M, \tilde{\mathcal{R}})$，其中 $G = U$，$M = \tilde{A}$，$g\tilde{\mathcal{R}}m$ 当且仅当 $\tilde{F}(x, a) = \mu(g, m)$。

本书只考虑了模糊信息表的数值属性，我们通过下例来说明。

例 3.1 设模糊信息表 $\tilde{\mathcal{I}} = \langle U, \tilde{A}, [0,1], \tilde{F} \rangle$ 的论域为 $U = \{x_1, x_2, x_3, x_4, x_5\}$，属性集为 $\tilde{A} = \{a_1, a_2, a_3, a_4, a_5, a_6\}$，见表 3.1。

表 3.1 模糊信息表

U	a_1	a_2	a_3	a_4	a_5	a_6
x_1	0.9	0.1	0.0	0.9	0.1	0.0
x_2	0.9	0.1	0.1	0.8	0.2	0.1
x_3	0.1	0.9	0.2	0.9	0.1	0.1
x_4	0.0	0.1	0.9	0.0	0.9	0.0
x_5	0.1	0.0	0.9	0.0	0.1	0.9

将上述模糊信息表表示为模糊形式背景。令模糊形式背景 $\tilde{K} = (G, M, \tilde{\mathcal{R}})$ 中的属性集 $M = \bigcup_{a \in \tilde{A}} \{f(u, a) | f(u, a) \in \tilde{A} \times V_a : u \in U\}$，或等价地，对每一个 $a \in \tilde{A}$，$M = \bigcup_{a \in \tilde{A}} M_a$，设 $M_a = \{f(u, a) | u \in U\}$。因此，在模糊形式背景中，二元关系 $\tilde{\mathcal{R}}$ 可以通过如下定义：

设 $u \in U$，$a \in \tilde{A}$，如果 $\exists a \in \tilde{A}$，s.t. $m = f(u, a)$，则 $(u, m) \in \tilde{\mathcal{R}}$。

如果 $\tilde{F}(u, a) = f(u, a) = \mu(u) > 0$，则 $\mu(g, m) = \mu(u)$。

所以，我们可以得到如下模糊形式背景 (见表 3.2)。

表 3.2 由表 3.1 得出的模糊形式背景

G	m_1	m_2	m_3	m_4	m_5	m_6
g_1	0.9	0.1	0.0	0.9	0.1	0.0
g_2	0.9	0.1	0.1	0.8	0.2	0.1
g_3	0.1	0.9	0.2	0.9	0.1	0.1
g_4	0.0	0.1	0.9	0.0	0.9	0.0
g_5	0.1	0.0	0.9	0.0	0.1	0.9

显然，由模糊信息系统 $\tilde{\mathcal{I}} = \langle U, \tilde{A}, [0,1], \tilde{F} \rangle$ 可以得到模糊信息表 $T[\tilde{\mathcal{I}}]$，从而得到模糊形式背景 $\tilde{K} = (G, \bigcup_{a \in \tilde{A}} M_a, \tilde{\mathcal{R}})$。

显然，下述定理成立。

定理 3.2　设 $\tilde{\mathcal{I}} = \langle U, \tilde{A}, [0,1], \tilde{F} \rangle$ 为模糊信息系统, 其模糊信息表为 $T[\tilde{\mathcal{I}}]$, 则有

(1) 令 $M_a = \bigcup\limits_{a \in A} M_a$, $I_{\tilde{A}_\lambda} \subseteq U \times U$ 为由模糊信息系统 $\tilde{\mathcal{I}}$ 得到的不可分辨关系, 其论域为 U, 属性集为 $\tilde{A}$, 则对任意的 $x, y \in U$, 我们有 $x I_{\tilde{A}_\lambda} y$。

(2) $T[\tilde{\mathcal{I}}]$ 的每一列中均有 $|\tilde{A}_\lambda|$ 的元素值不小于 λ。

证明: 从上述步骤中可以直接得到。

上述定理的第二个结果非常重要, 因为它可以使我们将模糊信息表与模糊超图联系起来。

3.3　模糊超图与模糊信息表、模糊形式背景的等价表示

在本节中, 我们证明模糊超图与模糊形式背景及模糊信息系统之间存在双射。我们首先证明如何从模糊超图获得模糊信息表, 在定理 3.4 中构造性地给出了这种双射, 其次构造模糊超图与模糊形式背景的等价表示。

3.3.1　模糊超图与模糊信息表

定义 3.5　设 $\mathcal{H}$ 为模糊超图, 其顶点集为 $Z = \{z_1, z_2, \cdots, z_m\}$, 模糊超边集为 $\mathcal{E}_1, \mathcal{E}_2, \cdots, \mathcal{E}_n$。我们将模糊超图 $\mathcal{H}$ 与模糊信息系统关联如下。$\Gamma(\mathcal{H})$ 的属性集为 Z, $\Gamma(\mathcal{H})$ 的对象集为 $\{\mathcal{E}_1, \mathcal{E}_2, \cdots, \mathcal{E}_n\}$, 值域 $V(\Gamma)$ 为 $[0,1]$, 信息映射如下:

$$F_{\mathcal{H}}(z_i, \mathcal{E}_j) = \begin{cases} \mu(z_i), & \text{如果 } z_i \in \mathcal{E}_j, i = 1, 2, \cdots, m, j = 1, 2, \cdots, n \\ 0, & \text{其他} \end{cases}$$

式中, $\mu(z_i) \in [0,1]$ 与 $\mu(z_i)$ 表示 $z_i \in \mathcal{E}_j$ 的隶属度。当且仅当 $\mu(z_i) \geqslant \lambda$, 我们认为对象 $\mathcal{E}_j$ 有属性 z_i, 其隶属度为 $\mu(z_i)$。

例 3.2　设 $\mathcal{H}$ 为模糊超图, 其顶点集 $Z = \{z_1, z_2, z_3, z_4\}$, 超边集为 $\{\mathcal{E}_1, \mathcal{E}_2, \mathcal{E}_3, \mathcal{E}_4, \mathcal{E}_5\}$ 且 $\lambda \geqslant 0.4$, 其中 $\mathcal{E}_1 = \varnothing$, $\mathcal{E}_2(z_1) = 0.8$, $\mathcal{E}_3(z_2, z_3) = (0.6, 0.4)$, $\mathcal{E}_4(z_2, z_3) = (0.5, 0.7)$, $\mathcal{E}_5(z_1, z_2, z_4) = (0.6, 0.6, 0.5)$, 则模糊信息表 $T[\Gamma(\mathcal{H})]$ 见表 3.3。

表 3.3　模糊信息表 $T[\Gamma(\mathcal{H})]$

$\mathcal{E}$	z_1	z_2	z_3	z_4
$\varnothing$	0	0.1	0.2	0
$\{z_1\}$	0.8	0.1	0	0.3
$\{z_2, z_3\}$	0.2	0.6	0.4	0.2
$\{z_2, z_3\}$	0	0.5	0.7	0
$\{z_1, z_2, z_4\}$	0.6	0.6	0	0.5

定义 3.6　设 $\tilde{\mathcal{I}} =< U, \tilde{A}, [0,1], \tilde{F} >$ 为模糊信息系统。如果存在一个模糊超图 $\mathcal{H}$ 满足 $\tilde{\mathcal{I}} \cong \Gamma(\mathcal{H})$，那么 $\tilde{\mathcal{I}}$ 为模糊超图信息系统。

定理 3.3　设 $\mathcal{H}$ 为模糊超图，$Z = \{z_1, z_2, \cdots, z_n\}$ 为顶点集，$\mathcal{E} = \{\mathcal{E}_1, \mathcal{E}_2, \cdots, \mathcal{E}_m\}$ 为模糊超边集，$\Gamma(\mathcal{H}) =< \mathcal{E}, Z, [0,1], F_{\mathcal{H}} >$ 为相应的模糊信息系统。令 $\tilde{A} \subseteq Z$，则如果 $\boldsymbol{I}_{\tilde{A}_\lambda}$ 是 $\Gamma(\mathcal{H})$ 中的 $\tilde{A}_\lambda-$ 不可分辨关系，我们有

$$\mathcal{E}_j \boldsymbol{I}_{\tilde{A}_\lambda} \mathcal{E}_{j'} \Leftrightarrow \forall z_{ji} \in \mathcal{E}_{j'} \cap A, z_{ji} \geqslant \lambda, \forall z_{j'i'} \in \mathcal{E}'_j \cap A, z_{j'i'} \geqslant \lambda \text{ 且 } i = i'$$

式中，$i, i' \in \{1, 2, \cdots, m\}$，$j, j' \in \{1, 2, \cdots, n\}$。

可以注意到，由定理 3.3，如果 $\mathcal{E}$ 是 $\mathcal{H}$ 的模糊超边，则 $[\mathcal{E}]_{\tilde{A}_\lambda} = \{\mathcal{E}_{j'} \in \mathcal{E} : \forall z_{j'i'} \in \mathcal{E}_j \cap \tilde{A}_\lambda, z_{j'i'} \geqslant \lambda$，如果 $i = i'$ 且 $z_{ji} \geqslant \lambda$，那么 $z_{ji} \in \mathcal{E} \cap \tilde{A}_\lambda\}$。

以下定理表明，糊信息表、模糊形式背景可以与模糊超图信息系统等价表示。

定理 3.4　设 $\tilde{\mathcal{I}} =< U, \tilde{A}, [0,1], \tilde{F} >$ 为模糊信息系统。$\tilde{\mathcal{I}}$ 为模糊超图系统当且仅当 $\tilde{\mathcal{I}}$ 是模糊信息系统。

此外，如果 $\tilde{\mathcal{I}} =< U, \tilde{A}, [0,1], \tilde{F} >$ 是模糊信息表，则模糊超图系统 $\Gamma(\mathcal{H})$ 与 $\tilde{\mathcal{I}}$ 同构，其顶点集为 $Z = A$，模糊边集 $\mathcal{E} = \{\mathcal{E}_u : u \in U\}$，其中 $\mathcal{E}_u = \{a \in \tilde{A}_\lambda : F(u, a) = \mu(u)\}$，根据假设，对任意 $u \neq u'$，有 $\mathcal{E}_u \neq \mathcal{E}'_u$。

证明：可由定义 3.6 直接得到。

例 3.3　考虑如下模糊形式背景 (模糊信息表)，见表 3.4。

它等同于模糊超图 $Z = \{g_1, g_2, g_3, g_4\}$，设 $\lambda = 0.5$，则有 $\mathcal{E} = \{\{g_1, g_3\}, \{g_1, g_4\}, \{g_1, g_3\}, \{g_1, g_2, g_3\}, \{g_3\}\}$。

表 3.4　模糊形式背景

$\mathcal{E}$	g_1	g_2	g_3	g_4
m_1	0.8	0.2	0.7	0.4
m_2	0.9	0.2	0.1	0.8
m_3	0.9	0.1	0.9	0.1
m_4	0.6	0.5	0.8	0.3
m_5	0.0	0.1	0.8	0.2

3.3.2　模糊形式背景与模糊超图

如 3.3.1 介绍，模糊信息表与模糊形式背景是表示数据的两种等价的方式。所以，由定理 3.2 可以推断，模糊形式背景和模糊超图也是等价的。所以，模糊形式背景 $\Psi(\mathcal{H}) = (G, M, \tilde{\mathcal{R}})$ 可以与模糊超图 $\mathcal{H} = (Z, \mathcal{E})$ 等价表示，其中 $G = \mathcal{E} = \{\mathcal{E}_1, \mathcal{E}_2, \cdots, \mathcal{E}_m\}$，$M = Z = \{z_1, z_2, \cdots, z_n\}$，关系映射定义为：

$$\mathcal{E}_j \tilde{\mathcal{R}} z_i \Leftrightarrow \mu(z_i), \text{ 即 } z_i \in \mathcal{E}_j$$

的隶属度。

因此, 可以在由模糊超图 $\mathcal{H} = (Z, \mathcal{E})$ 导出的模糊形式背景 $\Psi(\mathcal{H})$ 的情况下将模糊形式概念的符号解释如下: 设 $\mathcal{O} \subseteq \mathcal{E}$ 和 $\mathcal{B} \subseteq Z$ 分别为 $\Psi(\mathcal{H})$ 的对象子集和属性子集, 置信区间为 λ, 其中 $0 < \lambda \leqslant 1$。当 $\mathcal{O} \subseteq \mathcal{E}$ 时, 令 $O = \{z \in Z | \forall \mathcal{E}' \in \mathcal{O}, \mu(z_i) \geqslant \lambda\}$, 当 $\mathcal{B} \subseteq Z$ 时, 令 $B = \{\mathcal{E}' \in \mathcal{E} | \forall z \in Z, \mu(z_i) \geqslant \lambda\}$。则 $(\varphi(\mathcal{O}), \mathcal{B})$ 被称作 $\Psi(\mathcal{H})$ 的模糊形式概念, 其中 $\mathcal{O} \subseteq \mathcal{E}$, $\varphi(\mathcal{O}) = \{(\mathcal{E}_j, \mu(z_i)) | \forall z_i \in \mathcal{E}_j\}$, $\mathcal{B} \subseteq Z$, $\mathcal{O} = B$ 且 $\mathcal{B} = O$。每个对象 $\mathcal{E}'$ 的隶属度定义为:

$$\mu(z_i) = \min_{\mathcal{E}_j \in \mathcal{O}} \mu(z_i)$$

式中, $\mu(z_i)$ 是 $z_i \in \mathcal{E}_j$ 的隶属度。

这里 $\mathcal{O}$ 是模糊形式概念 $(\varphi(\mathcal{O}), \mathcal{B})$ 的外延, $\mathcal{B}$ 是模糊形式概念 $(\varphi(\mathcal{O}), \mathcal{B})$ 的内涵。

3.4　模糊超图系统

首先, 我们给出一个完全 $k-$ 一致模糊超图及与其等价的模糊信息系统的实例。

注记 3.1　在几个数值示例处理集合集时, 为了简化符号, 将使用字符串符号 $x_1 \cdots x_n$ 代替集合的符号 $\{x_1, \cdots, x_n\}$。例如, 1234 将表示集合 $\{1, 2, 3, 4\}$。

例 3.4　设模糊信息系统为 $\tilde{\mathcal{I}} = \Gamma(\binom{4}{3})$, 其中 $\lambda \geqslant 0.5$, 其模糊信息表见表 3.5。

表 3.5　模糊信息表

$\mathcal{E}$	a_1	a_2	a_3	a_4
$a_1 a_2 a_3$	0.8	0.9	0.7	0.4
$a_1 a_2 a_4$	0.9	0.6	0.1	0.8
$a_1 a_3 a_4$	0.9	0.1	0.9	0.8
$a_2 a_3 a_4$	0.2	0.5	0.8	0.6

设 $A_{0.5} = \{a_1, a_3\}$, 则

$$\pi_{A_{0.5}}(\tilde{\mathcal{I}}) = \{\{a_1 a_2 a_3, a_1 a_3 a_4\}, \{a_1 a_2 a_4\}, \{a_2 a_3 a_4\}\}$$

所以

$$\mathbb{CO}_{A_{0.5}}(\tilde{\mathcal{I}}) = \{\varnothing, \{a_1 a_2 a_4\}, \{a_2 a_3 a_4\}, \{a_1 a_2 a_3, a_1 a_3 a_4\}, \{a_1 a_2 a_4, a_2 a_3 a_4\},$$
$$\{a_1 a_2 a_3, a_1 a_3 a_4, a_1 a_2 a_4\}, \{a_1 a_2 a_3, a_1 a_3 a_4, a_2 a_3 a_4\},$$
$$\{a_1 a_2 a_3, a_1 a_3 a_4, a_1 a_2 a_4, a_2 a_3 a_4\}\}$$

其结构图如图 3.1 所示。

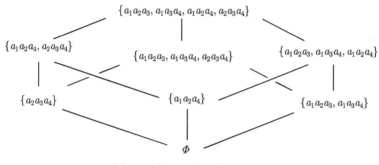

图 3.1 例 3.4 的结构示意图

定理 3.5 设 $\tilde{\mathcal{I}}$ 为模糊信息系统 $\Gamma((\hat{n}_k))$，其中 $n \geqslant k$ 是正整数，令 $\tilde{A}_\lambda \subseteq \hat{n}$，$0 < \lambda \leqslant 1$。则模糊信息系统 $\Gamma(H)$ 中的所有不可分辨类 $\tilde{A}_\lambda$ 中的集合 $\pi_{\tilde{A}_\lambda}(\tilde{\mathcal{I}})$ 与集合 $\Sigma_{\tilde{A}_\lambda} = \{S_\lambda \subseteq \tilde{A}_\lambda : \max\{0, k+a_\lambda - n\} \leqslant |S_\lambda| \leqslant \min\{a_\lambda, k\}\}$ 之间存在一个双射，其中 $|S_\lambda| = |\{s'_\lambda|s' \in S \text{ 且 } f(u,s') \geqslant \lambda\}|$，$|A_\lambda| = |\{a'_\lambda|a' \in \tilde{A} \text{ 且 } f(u,a') \geqslant \lambda\}|$，$a_\lambda = |\tilde{A}_\lambda|$。

证明： 设 $S_\lambda \in \Sigma_{\tilde{A}_\lambda}$ 且 $s_\lambda = |S_\lambda|$。由定理 3.3，所有与 $\tilde{A}_\lambda$ 相交等于 S_λ 的 $\hat{n}$ 的 $k-$ 子集均是非空的，且它是 $\tilde{\mathcal{I}}$ 中的不可分辨类 $\tilde{A}_\lambda$。但是，如果 $\max\{0, k+a_\lambda - n\} \leqslant s_\lambda \leqslant \min\{a_\lambda, k\}$，则存在 $\hat{n}$ 的 $k-$ 子集 $\binom{n-a_\lambda}{k-s_\lambda}$，满足其与 $\tilde{A}_\lambda$ 的交集为 S_λ。

另外，如果 $x_\lambda \in \binom{\hat{n}}{k}$，其中 x_λ 表示 $f(z,a') \geqslant \lambda$，则 $S_\lambda = x_\lambda \cap \tilde{A}_\lambda$ 的基数 s_λ 满足 $\max\{0, k+a_\lambda - n\} \leqslant s_\lambda \leqslant \min\{a_\lambda, k\}$。事实上，由 S_λ 的定义可以得到 $s_\lambda \geqslant 0$，$s_\lambda \leqslant a_\lambda$ 及 $s_\lambda \leqslant k$。此外，由于 $S_\lambda = x_\lambda \cap \tilde{A}_\lambda = x_\lambda \setminus (\hat{n} \setminus \tilde{A}_\lambda)$，因此 $s_\lambda \geqslant k - (n-a_\lambda) = k + a_\lambda - n$。

上面证明了函数将每一个 $s_\lambda \in \Sigma_{\tilde{A}_\lambda}$ 与 $\tilde{A}$ 的不可分辨类 $C = \{x_\lambda \in \binom{\hat{n}}{k} | x_\lambda \cap \tilde{A}_\lambda = S_\lambda\}$ 相关联。这个函数是可逆的双射，具体的，它将每一个 $C \in \pi_{\tilde{A}_\lambda}(\tilde{\mathcal{I}})$ 与子集 $S = \tilde{A}_\lambda \cap (\bigcap\limits_{x_\lambda \in C} x_\lambda)$ 相关联。

定理 3.6 设 $\tilde{\mathcal{I}}$ 为模糊信息系统 $\Gamma((\hat{n}_k))$，其中 $n \geqslant k$ 是正整数，设 $\tilde{A}_\lambda \subseteq \hat{n}$ 且 $x_\lambda \in \binom{\hat{n}}{k}$。若 $a_\lambda = |\tilde{A}_\lambda|$，$s_\lambda = |S_\lambda|$，其中 $0 < \lambda \leqslant 1$，则有 $\max\{0, k+a_\lambda - n\} \leqslant s_\lambda \leqslant \min\{a_\lambda, k\}$ 且 $|[x]_{\tilde{A}_\lambda}| = \binom{n-a_\lambda}{k-s_\lambda}$。

证明： 正如我们在定理 3.5 证明的第一部分中所看到的，$\tilde{A}_\lambda-$ 不可分辨类 $[x]_{\tilde{A}_\lambda}$ 是 $\hat{n}$ 的所有的 $k-$ 子集，其与 $\tilde{A}_\lambda$ 的交集等于 S_λ，且有 $\max\{0, k+a_\lambda - n\} \leqslant s_\lambda \leqslant \min\{a_\lambda, k\}$，$|[x]_{\tilde{A}_\lambda}| = \binom{n-a_\lambda}{k-s_\lambda}$。

注记 3.2 设 $H = (\hat{n}, \mathcal{E}')$ 为简单的完全 $k-$ 一致模糊超图，该模糊超图共有 n 个顶点 (例如 $\mathcal{E}'$ 是 $\binom{\hat{n}}{k}$ 的一个子集族)。令 $\tilde{\mathcal{I}} = \Gamma(H)$，其中 $\tilde{A}_\lambda$ 是属性集 $\hat{n}$，其中 $0 < \lambda \leqslant 1$ 的子集。

在下面的结果中，我们确定当 $\tilde{\mathcal{I}} = \Gamma(\binom{\hat{n}}{k})$ 时其任意不可分辨划分 $\pi_{\tilde{A}_\lambda}(\tilde{\mathcal{I}})$ 的元素的数量。

定理 3.7 设 $\tilde{\mathcal{I}} = \Gamma(\binom{\hat{n}}{k})$。如果 $\tilde{A}_\lambda$ 是 $\tilde{\mathcal{I}}$ 的属性集的一个子集，其满足 $|\tilde{A}_\lambda| = l, 0 < \lambda \leqslant 1$ 则:

(1) 当 $l \leqslant k$ 时，有 $|\pi_{\tilde{A}_\lambda}(\tilde{\mathcal{I}})| = \sum\limits_{i=0}^{\min\{l,n-k\}} \binom{l}{l-i}$;

(2) 当 $l > k$ 时，有 $|\pi_{\tilde{A}_\lambda}(\tilde{\mathcal{I}})| = \sum\limits_{i=0}^{\min\{k,n-l\}} \binom{l}{k-i}$。

证明: 不失一般性，我们假设 $\tilde{A}_\lambda = \{a_1, a_2, \cdots, a_l\}$，其中 $a_1, a_2, \cdots, a_l \geqslant \lambda$。由定理 3.3，给定两个 $[n]$ 的 $k-$ 子集 $S_1, S_2, S_1 I_{\tilde{A}_\lambda} S_2$ 当且仅当 $\forall s_{1i} \in S_1, s_{1i} \geqslant \lambda$，$\forall s_{2i'} \in S_2, s_{2i'} \geqslant \lambda$ 且 $i = i'$。然后，我们可以将 $\tilde{A}_\lambda$ 中的子集与 $\pi_{\tilde{A}_\lambda}(\tilde{\mathcal{I}})$ 中的每个类相关联。特别是对于每个 $\tilde{A}_\lambda$ 的子集 B_λ，我们可以考虑 $[n]$ 的 $k-$ 子集 S_λ 满足 $S_\lambda \cap \tilde{A}_\lambda = B_\lambda$。这个集合是空的或者是 $\pi_{\tilde{A}_\lambda}(\tilde{\mathcal{I}})$ 的一个等价类。这样的类有 $\binom{n-l}{k-|B_\lambda|}$ 元素可以通过选择 $[n] \setminus \tilde{A}_\lambda$ 中的 $k - |B_\lambda|$ 个元素得到。

假设 $l \leqslant k$，则 $[n]$ 的包含 $\tilde{A}_\lambda$ 的 $k-$ 子集形成了 $\pi_{\tilde{A}_\lambda}(\tilde{\mathcal{I}})$ 中的一个类。更一般地，固定一个 $\tilde{A}_\lambda$ 的子集 $B_\lambda, [n]$ 的 $k-$ 子集包含 B_λ，如果它是非空的，则它与 $I_{\tilde{A}_\lambda}$ 的等价类匹配，并且有 $\binom{n-l}{k-|B_\lambda|}$ 元素。这样的子集是非空的当且仅当 $k - |B_\lambda| \leqslant n - l$，即 $l - |B_\lambda| \leqslant n - k$。因此，$\pi_{\tilde{A}_\lambda}(\tilde{\mathcal{I}})$ 中类的数量等于 $\pi_{\tilde{A}_\lambda}(\tilde{\mathcal{I}}) = \sum\limits_{j=0}^{n-k} \binom{l}{j} = \sum\limits_{i=0}^{n-k} \binom{l}{l-i}$，因此 (1) 成立。

假设 $l > k$，那么显然，对每一个 $\tilde{A}_\lambda$ 的子集 B_λ，如果 B_λ 满足 $|B_\lambda| > k$，那么不存在 $[n]$ 的 $k-$ 子集 S_λ 满足 $S_\lambda \cap \tilde{A}_\lambda = B_\lambda$。当 $|B_\lambda| = k, [n]$ 的唯一包含 B_λ 的 $k-$ 子集 S_λ 是 B_λ。所以，$\tilde{A}_\lambda$ 中的每一个 $k-$ 子集唯一地表示 $\pi_{\tilde{A}_\lambda}(\tilde{\mathcal{I}})$ 中的一个类。如前所述，如果 $|B_\lambda| < k$ 且 $k - |B_\lambda| \leqslant n - l$，那么所有 $k-$ 子集 S_λ 的等价类 $I_{\tilde{A}_\lambda}$ 包含 $\binom{n-l}{k-|B_\lambda|}$ 元素且满足 $S_\lambda \cap \tilde{A}_\lambda = B_\lambda$。最后，如果 $|B_\lambda| < k$ 且 $k - |B_\lambda| > n - l$，那么没有一个元素 $S_\lambda \in \binom{[n]}{k}$ 满足 $S_\lambda \cap \tilde{A}_\lambda = B_\lambda$。因此，当 $l > k$，$\pi_{\tilde{A}_\lambda}(\tilde{\mathcal{I}})$ 中类的数量等于

$$\pi_{\tilde{A}_\lambda}(\tilde{\mathcal{I}}) = \sum_{j=l-n+k}^{k} \binom{l}{j} = \sum_{i=0}^{n-l} \binom{l}{k-i}$$

定理证毕。

例 3.5 考虑一个有 100 个不同属性 $\tilde{A} = \{a_1, a_2, \cdots, a_{100}\}$ 的模糊信息表，假设我们可以用 7 个属性准确且唯一的表征任何对象 (对于所有对象不一定相同)。例如，下列属性 $a_1 a_3 a_4 a_{15} a_{23} a_{71} a_{98}$ 唯一确定论域中的一个特定对象。另外，论域中的每一个对象都是由 $a_1, a_2, \cdots, a_{100}$ 中选出的不同属性且长度为 7 的"代码"

唯一确定的, 当然, 7 个不同的属性都满足 $a_i \geqslant \lambda$。在这种情况下, 我们可以将上述模糊信息表表示为一个新的模糊信息系统, 其中属性是 $\tilde{A} = \{a_1, a_2, \cdots, a_{100}\}$, 对象是属性 $\tilde{A}$ 中的所有 7- 子集 u, v, 对象 u 关于属性 a 的值表示为 $u(a)$, 且满足 $u(a) \geqslant \lambda$, 其中 $u(a)$ 表示 $a \in u$ 的隶属程度。我们现在选择 $\tilde{A}$ 的一个特定的子集 A, 这样 A 最多有 7 个元素。例如 $A = \{a_1, a_2, a_{50}, a_{51}, a_{97}\}$, 假设一个用户想知道以下信息:

(1) 有多少个与属性 A 有关的项目有不同的等价类别?

(2) 哪些项目其代码包含子字符串 $a_2 a_{50} a_{97}$, 但没有符号 a_1, a_{51}?

根据在定理 3.7 中建立的结果,

$$c(n, l, k) = \begin{cases} \displaystyle\sum_{i=0}^{\min\{l, n-k\}} \binom{l}{l-i}, & \text{当 } l \leqslant k \\ \displaystyle\sum_{i=0}^{\min\{k, n-l\}} \binom{l}{k-i}, & \text{当 } l > k \end{cases}$$

n, l 和 k 是 3 个整数且满足 $0 \leqslant l, k \leqslant n$。显然, $c(n, l, k)$ 是问题 1 的答案。由注记 3.2, 为了计算集合 $\pi_{\tilde{A}_\lambda}(\tilde{\mathcal{I}})$ 中不同等价类的数目以及任何不可分辨类 $[x]_{\tilde{A}_\lambda} \in \pi_{\tilde{A}_\lambda}(\tilde{\mathcal{I}})$ 的所有对象的完整列表, 很方便看到 $\tilde{\mathcal{I}}$ 作为二元矩阵 $\boldsymbol{T}(\tilde{\mathcal{I}})$ (当 $u(a) \geqslant \lambda$, 我们将它看作 1, 当 $0 \leqslant u(a) < \lambda$, 我们将它看作是 0)。对于属性集 $\tilde{A}_\lambda$, 我们可以用一种自然的方式将它与 $T(\tilde{\mathcal{I}})$ 联系起来, 一个矩阵 $\boldsymbol{T}(\tilde{\mathcal{I}})$ 通过选择相应的元素列 $\binom{n}{k} \times |\tilde{A}_\lambda|$ 得到子矩阵 $\boldsymbol{T}_{\tilde{A}_\lambda}(\tilde{\mathcal{I}})$。通过使用标准的拓扑排序算法, 我们可以很容易地找到 $T_{\tilde{A}_\lambda}(\tilde{\mathcal{I}})$ 的不同的行数, 并且将 $T_{\tilde{A}_\lambda}(\tilde{\mathcal{I}})$ 的行根据等价关系进行划分。这个过程就解答了问题 2。

我们现在确定超图系统 $\Gamma(\binom{\hat{n}}{k})$ 的属性约简。

定理 3.8 令 n, k 为两个正整数, 其中 $k < n$ 且令 $\tilde{\mathcal{I}} = \Gamma(\binom{\hat{n}}{k})$。那么 $CORE(\tilde{\mathcal{I}}) = \varnothing$ 且 $RED(\tilde{\mathcal{I}}) = \binom{\hat{n}}{n-1}$。

证明: 令 $\tilde{A}_\lambda$ 为 $\hat{n}$ 的一个 $(n-1)-$ 子集, 由定理 3.3, 有 $\pi_{\tilde{A}_\lambda}(\tilde{\mathcal{I}}) = \sum\limits_{i=0}^{1} \binom{n-1}{k-i} = \binom{n-1}{k} + \binom{n-1}{k-1} = \binom{n}{k} = \pi_{\tilde{A}}(\tilde{\mathcal{I}})$。因为 $|\pi_{\tilde{A}_\lambda}(\tilde{\mathcal{I}})| \leqslant |\pi_{\tilde{A}}(\tilde{\mathcal{I}})|$, 我们得到 $\pi_{\tilde{A}_\lambda}(\tilde{\mathcal{I}}) = \pi_{\tilde{A}}(\tilde{\mathcal{I}})$。现在令 $B_\lambda \in \binom{\hat{n}}{n-2}$ 且令 S_λ 为 B_λ 的子集, 其中 $|S_\lambda| = k-1$。那么存在 $\hat{n}$ 的两个子集与 B_λ 的交集为 S_λ, 即 $K = S_\lambda \cup \{u\}$ 且 $K' = S_\lambda \cup \{u'\}$, 其中 $u, u' \in \hat{n} \setminus B_\lambda$ 且 $u \neq u'$。因此由引理 1.5, $KI_{B_\lambda}K'$, 因此 $\pi_{B_\lambda}(\tilde{\mathcal{I}}) \neq \pi_{\tilde{A}_\lambda}(\tilde{\mathcal{I}})$。由此可见, 每个 $\hat{n}$ 的 $(n-1)-$ 子集是 $\tilde{\mathcal{I}}$ 的约简, 由引理 1.5 可知, 它们的交集等于 $CORE(\tilde{\mathcal{I}})$, 且为空集。

例 3.6 模糊信息系统 $\Gamma(\binom{\hat{5}}{k})$, 当 $k < 5$ 且 $\lambda = 0.5$ 时, 模糊信息表见表 3.6。

表 3.6   模糊信息表

$\mathcal{E}$	a_1	a_2	a_3	a_4	a_5
$a_1a_2a_3a_4$	0.8	0.9	0.7	0.8	0.2
$a_1a_2a_3a_5$	0.8	0.9	0.7	0.1	0.6
$a_1a_2a_4a_5$	0.7	0.6	0.1	0.6	0.9
$a_1a_3a_4a_5$	0.6	0.3	0.8	0.9	0.7
$a_2a_3a_4a_5$	0.2	0.8	0.8	0.6	0.8

约简集合为:

$$RED(\Gamma(\binom{\hat{5}}{k})) = \binom{\hat{5}}{4} = \{a_1a_2a_3a_4, a_1a_2a_3a_5, a_1a_2a_4a_5, a_1a_3a_4a_5, a_2a_3a_4a_5\}$$

在定理 3.7 中,我们从模糊信息系统的角度研究了完全 $k-$ 一致模糊超图。下面我们从模糊形式背景的角度给出一个完全 $k-$ 一致模糊超图 $\binom{\hat{n}}{k}$ 的例子,从而研究模糊形式背景 $\Psi(\binom{\hat{n}}{k})$ 的模糊概念格。

例 3.7   考虑超图 $\binom{\hat{4}}{2}$,其中 $\lambda = 0.5$,模糊信息表见表 3.7。由 3.3.2 节,我们可以得到模糊形式背景 $\Psi(\binom{\hat{4}}{2})$ 的模糊概念格。模糊概念格如图 3.2 所示。

表 3.7   模糊信息表

$\mathcal{E}$	a_1	a_2	a_3	a_4
a_1a_2	0.8	0.9	0.3	0.4
a_1a_3	0.9	0.2	0.6	0.3
a_1a_4	0.9	0.1	0.2	0.9
a_2a_3	0.4	0.6	0.5	0.2
a_2a_4	0.3	0.7	0.1	0.9
a_3a_4	0.1	0.2	0.8	0.5

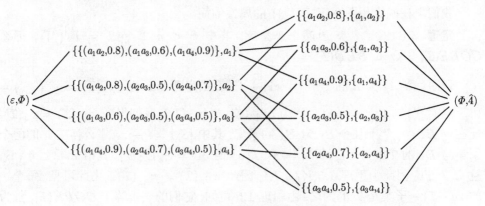

图 3.2   例 3.7 的模糊概念格示意图

3.5 本章小结

本章主要将模糊超图理论与模糊形式概念分析及模糊信息系统联系起来, 通过研究模糊形式概念分析、模糊信息系统及模糊超图的等价关系来讨论分类问题。结果表明, 模糊超图与模糊形式背景及模糊信息系统可以等价表示。此外, 我们可以看到完全 $k-$ 一致模糊超图的子类可以通过 $\lambda-$ 水平截集的方法与模糊信息表相对应。这些等价是在 FCA 中使用模糊超图方法的出发点, 结果显示, 可以用组合数学的方法来研究等价模糊信息系统中的不可分类、函数依赖和约简。

首先, 在 3.2 节中, 对于模糊形式背景 $\tilde{K} = (G, M, \tilde{\mathcal{R}})$, 如果令 $U = G$, $\tilde{A} = M$, 且如果 $g\tilde{\mathcal{R}}m$, 则 $\tilde{F}(g, m) = \mu(g)$, 否则 $\tilde{F}(g, m) = 0$, 那么模糊形式背景可以唯一地表示为模糊信息表 $\tilde{\mathcal{I}} = <U, \tilde{A}, [0, 1], \tilde{F}>$。反之, 如果对于给定的模糊信息表 $\tilde{\mathcal{I}} = \langle U, \tilde{A}, [0, 1], \tilde{F}\rangle$, 令 $G = U$, $M = \tilde{A}$, 当且仅当 $\tilde{F}(x, a) = \mu(g, m)$ 时, $g\tilde{\mathcal{R}}m$, 即模糊信息表可以等价地表示为模糊形式背景。

其次, 在 3.3.1 节, 对于模糊信息系统 $\tilde{\mathcal{I}} = <U, \tilde{A}, [0, 1], \tilde{F}>$, 通过构造双射

$$\mathcal{E}_j \boldsymbol{I}_{\tilde{A}_\lambda} \mathcal{E}_{j'} \Leftrightarrow \forall z_{ji} \in \mathcal{E}_j \cap A, z_{ji} \geqslant \lambda, \forall z_{j'i'} \in \mathcal{E}'_j \cap A, z_{j'i'} \geqslant \lambda \ \text{且} \ i = i'$$

可以证明模糊信息系统可以表示为模糊超图信息系统 $\Gamma(\mathcal{H}) = <\mathcal{E}, Z, [0, 1], \tilde{F}_{\mathcal{H}}>$。因为模糊形式背景与模糊信息表可以等价表示, 因此在 3.3.2 节, 对于模糊形式背景 $\Psi(\mathcal{H}) = (G, M, \tilde{\mathcal{R}})$, 令 $G = \mathcal{E} = \{\mathcal{E}_1, \mathcal{E}_2, \cdots, \mathcal{E}_m\}$, $M = Z = \{z_1, z_2, \cdots, z_n\}$, $\tilde{\mathcal{R}} \subseteq \mathcal{E} \times Z$, 其中 $\mathcal{E}_j \tilde{\mathcal{R}} z_i \Leftrightarrow \mu(z_i)$, 从而证明了模糊形式背景与模糊超图也可以等价表示。

最后, 第 3.4 节给出一个完全 $k-$ 一致模糊超图模型的例子, 说明其与模糊信息系统及模糊形式背景等价。

4 模糊超图与信息系统的粒计算

　　粒计算主要用于描述和处理不确定性、模糊性和不完整的海量信息, 并基于粒和粒间的关系为问题求解提供解决方法, 是信息处理的一种新的概念和计算范式。1979 年, 美国著名的数学家与控制论学家 Zadeh[39] 首次在提出了模糊信息粒化的问题。波兰数学家 Pawlak 提出利用等价关系将论域上的对象进行粒化, 通过信息粒构造两个精确集合逼近目标概念集, 从而形成相应的决策规则集[139]。我国的张钹、张铃教授[57] 指出在粒度世界转换是人类认知及求解问题的能力。直到 1997 年, Zadeh[36] 正式地提出了粒计算的概念。2013 年, Y.Y. Yao 梳理、总结了近 20 年粒计算的研究工作, 认为粒计算是结构化的思考方式, 是结构化的问题解决模式, 同时也是数据分析与信息处理的新范式。Y.Y. Yao[37,71] 还指出, 粒结构是体现粒计算所倡导的多粒度、多层次、多视角的结构化方法。由于图论是描述和分析许多现实世界问题很好的工具, 因此基于图或超图建立粒结构的模型既是对粒结构很好的表示, 又能方便地对粒结构的建立、转换进行操作[80,140]。在图或超图中, 用节点表示粒, 边或超边表示粒之间的关系是非常形象和直观的。

　　在现实问题中, 粒之间的关系通常是模糊的, 因此, 许多学者利用模糊超图对粒计算进行了研究。例如, 2007 年, Slezak 等人[141] 提出了细粒度定义的概念。如果给定对象集合 U 上的超图是固定的, 那么粒度可定义集合对应于超边, 并且上述概念也可以在模糊情况下给出。同时, 该作者[82] 提出了基于 U 上的不可分辨关系的超图模型。在这个模型中, 粒可以被认为是 U 上的一个子集, 子集中的元素具有不可分辨关系, 让 U 中的元素对应于超图的顶点, 作者将 6 个近似算子从集合推广到超图。2018 年, Wang 和 Gong[142] 研究了如何利用对象间的模糊关系形成粒、如何形成粒结构以及如何建立起粒与模糊超图的关系。

　　在上述文献的基础上, 第 4.1 节介绍了商空间理论的一些定义及性质。第 4.2 节介绍了基于图的粒计算的基本定义。第 4.3 节给出了基于模糊超图的粒计算模型。在对象空间 (U, R) 中, 给出了 $i-$ 进制关系的定义, 具有关系的对象形成一个粒 (对应于模糊超边), 用模糊超边表示一个对象 x_i 属于超边的隶属程度, 而模糊超图表示一个层次的粒度结构, 即对问题的一个描述, 不同的粒度层次构成了对一个问题不同角度的理解。第 4.4 节主要给出了一个基于超图的粒计算划分模型, 在这个模型中, 基于模糊等价关系 $\tilde{R}$ 定义论域的一个粒, 模糊等价关系 $\tilde{R}$ 将集合

U 划分成一系列不相交的子集, 且划分 $\pi_{\tilde{R}}$ 恰对应商空间理论中的商结构。在此基础上, 给出了两层次间的细化算子 σ 及粗化算子 ω 的定义并证明了及性质, 更进一步的, 由于在做粗化运算时, 较粗粒度层次 H_1 中的一些粒不能正好转化为较细粒度层次 H_2 中的粒, 类似于粗糙集中的上下近似概念, 我们给出内粗化算子和外粗化算子的定义并证明了其性质。

4.1 商空间理论

商空间理论由张钹和张铃教授[143,144]首次提出, 它主要用于研究问题的求解, 其主要内容包括复杂问题的商空间描述、商空间的分解与合成、分层递阶商空间结构、粒度空间关系的推理以及商空间的粒度计算等。商空间理论从仿生学的角度提出了新的问题求解理论, 并建立了一种形式化的商空间结构体系, 给出一套解决启发式搜索、路径规划、信息融合和推理等问题的理论和算法, 并已有一些相关研究和应用[145-147]。

商空间理论模型可用一个三元组 (X, F, T) 来表示[148], 其中, X 是论域, F 是属性集, T 是 X 上的结构。当取粗粒度时, 即给定论域的一个划分, 或一个等价关系 R, 便可以得到一个对应于 R 的商集, 记为 $[X]$, 其所对应的三元组为 $([X], [F], [T])$, 称之为对应于 R 的商空间。其中 $[X]$ 是论域 X 的商集, $[F]$ 是商属性, $[T]$ 是商结构。将 (X, F, T) 转化为 $([X], [F], [T])$, 便使得问题能在各个商空间上进行分析。对于一个具体的问题, 即 (X, F, T), 问题简化求解的关键是结构 T。如果商空间 $[X]$ 不同, 其商结构 $[T]$ 通常也不同 (但较 T 有所简化)。显然, 不同问题的结构既广泛又复杂, 不能统一起来进行讨论。为了简化问题, 可以分两种情况: 若 (X, F, T) 是半序空间, 则 T 是半序 (偏序) 结构; 若 (X, F, T) 是拓扑空间, 则 T 是拓扑结构。

定义 4.1 设 $R \in T(X \times X)$, 若满足:

(1) $\forall x \in U, \tilde{R}(x, x) = 1$;

(2) $\forall x, y \in U, \tilde{R}(x, y) = \tilde{R}(y, x)$;

(3) $\forall x, y, z \in U, \tilde{R}(x, z) = \sup_{y \in U} \min(\tilde{R}(x, y), \tilde{R}(y, z))$,

则称为 $\tilde{R}$ 是 X 上的一个模糊等价关系[149]。

这个定义是合理的, 在积空间中, 一个满足一定条件的集合表示 X 上的一个等价关系。那么, 在积空间上满足一定条件的模糊集合就对应于一个模糊等价关系。若 $\tilde{R}$ 只取 0 和 1, 则上面所定义的就是一般的等价关系。

在文献 [145] 中, 作者用三元组 $(U, A, \tilde{R})$ 来描述一个模糊商空间, 其中 U 是论域, A 表示论域 U 的属性集, $\tilde{R}$ 表示论域的结构, 代表了论域中对象之间的模糊关系。

在模糊商空间 $(U, A, \tilde{R})$ 中, 对于给定的有限集合 U, A 是属性集, 它在 U 上产生一个模糊等价关系 $\tilde{R}$. 对于 U 中具有属性 a_l 的任何两个对象 $x_i, y_j \in U$ 之间的相似性被定义为:

$$u_{\tilde{R}}(x_i, y_j) = \frac{|a_{il} \cap a_{jl}|}{|a_{il} \cup a_{jl}|} \tag{4.1}$$

式中, a_{il} 表示对象 x_i 具有属性 a_l; a_{jl} 表示对象 y_j 具有属性 a_l.

显然, 模糊关系矩阵是自反的和对称的, 但在大多数情况下它不是传递的. 在这种情况下, 传递闭包用于从给定的模糊关系计算模糊等价关系. 给定一个模糊关系 $\tilde{R}$, 它的传递闭包 R 被计算为:

$$R = \tilde{R} \cup \tilde{R}^2 \cup \cdots \cup \tilde{R}^{n-1}$$

为了降低复杂度, 有很多学者已经提出了各种方法来加速计算. Lee[150] 提出了一种计算模糊相似关系的传递闭包的算法, 该关系在时间上与时间线性地成比例地关系于元素的数量. 鉴于其复杂度低和易于实现的特点, 本书利用它来计算 $\tilde{R}$ 的传递闭包 R.

定义 4.2 设 U 是一个有限论域[149], $\tilde{R}$ 是 U 上的模糊等价关系, 令

$$\tilde{R}_\lambda = \{(x, y) | \tilde{R}(x, y) \geqslant \lambda\}, 0 < \lambda \leqslant 1$$

则 $\tilde{R}_\lambda$ 是 U 上的一个普通等价关系, 称 $\tilde{R}_\lambda$ 为 $\tilde{R}$ 上的截关系.

定义 4.2 表明 $\tilde{R}_\lambda$ 是 U 上的一个分明的等价关系, 其对应的知识空间表示为 $\tau_{\tilde{R}_\lambda}(U) = U/\tilde{R}_\lambda$. 令 $\tilde{R}$ 为 U 上的模糊等价关系, $D = \{\tilde{R}(x, y) | x \in U \wedge y \in U \wedge \tilde{R}(x, y) > 0\}$, D 被称作 $\tilde{R}$ 的值域.

定义 4.3 设 U 是一个有限论域[149], $\tilde{R}$ 是 U 上的模糊等价关系, D 被称作 $\tilde{R}$ 的值域. 集合

$$\tau_{\tilde{R}}(U) = \{U/\tilde{R}_\lambda | \lambda \in D\}$$

被称作 $\tilde{R}$ 的分层商空间结构.

例 4.1 令 $U = \{x_1, x_2, x_3, x_4, x_5\}$, $\tilde{R}$ 是 U 上的模糊等价关系[151], 其对应的关系矩阵 $M_{\tilde{R}}$ 表示如下:

$$M_{\tilde{R}} = \begin{bmatrix} 1 & 0.3 & 0.7 & 0.5 & 0.5 \\ 0.3 & 1 & 0.3 & 0.3 & 0.3 \\ 0.7 & 0.3 & 1 & 0.5 & 0.5 \\ 0.5 & 0.3 & 0.5 & 1 & 0.9 \\ 0.5 & 0.3 & 0.5 & 0.9 & 1 \end{bmatrix}$$

则其对应的分层商空间结构如下所示:

$U/\tilde{R}_{\lambda_1} = \{\{x_1, x_2, x_3, x_4, x_5\}\}$，其中 $0 < \lambda_1 \leqslant 0.3$；

$U/\tilde{R}_{\lambda_2} = \{\{x_1, x_3, x_4, x_5\}, \{x_2\}\}$，其中 $0.3 < \lambda_2 \leqslant 0.5$；

$U/\tilde{R}_{\lambda_3} = \{\{x_1, x_3\}, \{x_2\}, \{x_4, x_5\}\}$，其中 $0.5 < \lambda_3 \leqslant 0.7$；

$U/\tilde{R}_{\lambda_4} = \{\{x_1\}, \{x_2\}, \{x_3\}, \{x_4, x_5\}\}$，其中 $0.7 < \lambda_4 \leqslant 0.9$；

$U/\tilde{R}_{\lambda_5} = \{\{x_1\}, \{x_2\}, \{x_3\}, \{x_4\}, \{x_5\}\}$，其中 $0.9 < \lambda_5 \leqslant 1$。

定义 4.4 设 R_1, R_2 是 U 上的两个模糊等价关系[149]，若对 $\forall (x, y) \in (X \times X)$，有 $R_2(x, y) \leqslant R_1(x, y)$，则称 R_2 比 R_1 细，记为 $R_1 < R_2$。

4.2 基于图的粒计算

下面给出图中的粒结构的基本定义。

定义 4.5 图 G 上所有顶点的集合记为集合 V，图 G 上的一个粒 g 为 V 的幂集 2^V 中的一个元素[140]。

图上所有顶点的集合 V 的一个子集被称为一个粒 g。那么显然，顶点的全集 V 是最大的粒，空集 $\varnothing$ 是最小的粒，顶点集 V 的幂集 2^V 包含了图 G 上所有可能的粒。在处理问题的过程中，如果图上的一些顶点是不可区分的，那这些顶点就构成一个粒，这个粒可以看作是这些顶点的概括和抽象。

定义 4.6 如果一个粒 g_1 中的任意一个元素同时也是粒 g_2 中的元素，也就是 $g_1 \in g_2$，则称 g_1 是 g_2 的子粒，g_2 是 g_1 的父粒[140]。

由定义 4.6 可知，一个粒具有双重身份，它既可以被看作是某个整体的相对独立的部分，又可以被看作是由其他一些粒构成的整体。集合上的包含关系 $\subseteq$ 定义了集合 2^V 上的部分序，那么，粒之间的父粒-子粒关系可以通过包含关系得到。从而，图上粒结构的构建可以通过考虑顶点集合 V 的一系列子集 H 和 H 上的半序关系而得到。

一般地，图的粒化标准和具体粒化算法可以根据图中节点的度、边的权值、图的密度、图的连通性来建立，关于将图粒化的具体标准和算法见文献 [80]。

定义 4.7 当图 G 上的所有顶点均按照给定的粒化标准归纳为粒[140]，即图 G 完成了一次粒化。一次粒化后得到所有粒的集合叫作图 G 的一个层次。

图 G 上的顶点根据不同的粒化标准进行粒化后，便可以得到多粒度层次。每个层次都对应一个特定的粒度，这个特定的粒度即是对问题的一个特定的理解。

定义 4.8 对于图 G 的两个层次 l_1 和 l_2，如果对于 l_1 中的任意一个粒 g_1，均存在一个 l_2 中的粒 g_2，使得 $g_1 \in g_2$，即对于 l_1 中的任意一个粒 g_1，都能够在 l_2 中找到它的父粒 g_2，则称层次 l_1 的粒度比层次 l_2 更精细，层次 l_2 的粒度比层次 l_1 的粒度更粗糙[140]。

由定义 4.8 可知, 相对较粗粒度层次 l_2 来说, 较细粒度层次 l_1 是对问题的一个更具体的理解、看法和描述; 而较粗粒度的层次 l_2 是对问题比较抽象的理解和描述。通过在不同粒度层次之间转换, 可以得到对问题的由精细到粗糙, 由具体到抽象的理解。

4.3 信息系统的粒计算模糊超图模型

4.3.1 模型的建立

我们首先定义信息系统的粒计算模糊超图模型的对象空间。

定义 4.9 对象空间是一个系统 (U, R), 其中 U 是对象的一个有限的非空集合, R 是 U 中对象之间的关系。$R = \{r_1, r_2, \cdots, r_n\}$, 其中 $n = |U|$。对 $r_i \in R$, $r_i \subseteq U \times U \times \cdots \times U$, 其中 $i \leq n$, $n = |U|$。对 $(x_1, x_2, \cdots, x_i) \subseteq U$, 如果 $(x_1, x_2, \cdots, x_i) \subseteq r_i$, 那么 $(x_1, x_2, \cdots, x_i)$ 中存在一个 i-进制关系 r_i。

在对象空间中, 具有关系 $r \in R$ 的对象集可以被认为是一个粒子。显然, 最小的粒是单个物体, 最大的粒是物体空间中所有对象的集合。

我们用模糊超图的一个顶点来表示对象空间中的一个对象, 用一个模糊超边对应于具有关系 r_i 的对象, 并且用 x_i 表示对象属于该粒子的隶属度, 其中 $\mu(x_i) \in [0, 1]$, 那么我们可以得到粒计算的模糊超图模型。由定义 1.27, 模糊超图的 $\lambda-$ 截集是 $H_\lambda = (X_\lambda, E_\lambda)$, 为了满足以下算法的需要, 我们用模糊超边 E_λ 的 $\lambda-$ 截集来表示一个粒。构造粒计算的模糊超图模型的具体实例见例 4.2。

例 4.2 令 $U = \{x_1, x_2, x_3, x_4, x_5\}$, $R = \{r_1, r_2, r_3, r_4, r_5\}$, 具有关系 $r_i \in R$ $(1 \leq i \leq 5)$ 的一组对象如图 4.1(a) 所示, 且对应超图 $H = (X, \mathcal{E})$。给出对象 x_i 属于超图的隶属度, 便得到模糊超图。令 $X = \{x_1, x_2, x_3, x_4, x_5\}$, $\mathcal{E} = \{\mu_1, \mu_2, \mu_3\}$, 由以下关系矩阵表示, 如果 $\lambda = 0.5$, 则有 $r_1 = \{(x_3), (x_5)\}$, $r_2 = \{(x_1, x_2)\}$, $r_3, r_4, r_5 = \varnothing$, 如图 4.1(b) 所示。

$$
\begin{array}{c}
\begin{array}{ccc} \mu_1 & \mu_2 & \mu_3 \end{array} \\
\begin{array}{c} x_1 \\ x_2 \\ x_3 \\ x_4 \\ x_5 \end{array}
\begin{pmatrix}
0.8 & 0 & 0 \\
0.9 & 0 & 0 \\
0.3 & 0.6 & 0 \\
0 & 0.2 & 0 \\
0 & 0 & 0.6
\end{pmatrix}
\end{array}
$$

顶点之间的关系可以通过实际情况获得, 或通过计算粒的内部属性、外部属性和上下文属性这三个属性来获得[80]。在计算出对象之间的关系后, 具有关系的顶点集合可以集成到一个单元中, 那么根据实际情况, 我们可以用隶属函数 $\mu(x)$

来计算或分配隶属度, 这样便形成了一个粒, 这同样是一个模糊超边。对于这个模糊超边。我们可以得到其 $\lambda-$ 截集。当所有具有关系的顶点被集成到单元中并计算出或分配了隶属度时, 便得到单一层次的超图模型。

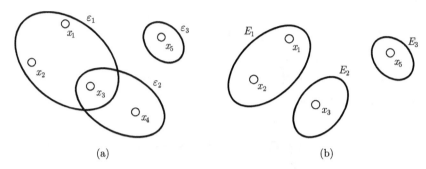

图 4.1　在一个层次上的粒的超图表达

粒是我们在解决问题时处理的对象的集合, 它反映了关于合成和表达知识的特征。粒不仅是整体的抽象, 也是对象的集合。粒计算的另一个重要概念是层次, 一个层由同样粒度或同样性质的粒组成。如果说粒给出对一个问题的局部描述, 那么一簇粒形成的层便给出对给定粒度的全局描述。在解决问题时, 人们在不同粒度层次中研究粒, 同一层次的粒之间既可以相交也可以不相交, 同一粒度层次上的所有粒相互呼应, 互相补充, 它们都体现了这个层次的特性并在这个粒度层次上完整地表达了一个问题的描述。

不同的层次可以组织起来构成一个多层次结构。若干层次组成分层结构, 不同层次体现了不同的粒度。层次间的递进反映了由抽象到具体、由粗糙到细致、由表及里、由一般到具体的变化。通过粗化运算, 可以将若干个低层次的粒组合成一个高层次的粒, 将不相关的细节隐藏起来, 体现问题的共性。通过细化运算, 可以将一个高层次的粒分解为若干个低层次的粒, 从而为问题提供更多的信息或者更详细的描述。

多视角和多层次是粒结构的核心内容, 它可以从多个视点和角度对同一问题进行理解。比如, 在解决问题的过程中, 我们可以通过一个分层结构不同的粒度表达实现对问题多层次的理解, 而通过若干个分层结构组合成的粒结构表达实现对问题多视角的看法; 我们只能从一个分层中得到对问题的一个局限性的看法, 若要全面的理解问题, 必须从多个分层结构进行思考。

在对象空间中, 由关系集 R 及隶属函数 $\mu(x)$ 构造的模糊超图可以看作是粒计算中的一个层次。模糊超图中的所有模糊超边将整个粒呈现在特定的水平上。

下面给出对应于模糊超图的对象空间的分割和覆盖的定义。

定义 4.10　一个基于顶点之间关系的集合 U 的划分是非空的、成对的不相

交的子集的集合。分区中的子集称为块[80]。当 U 是一个有限集合, 一个 U 的划分

$$\pi = \{X_i | 1 \leqslant i \leqslant m\}$$

由有限数量的块组成。在这种情况下, 分区的条件可以简单地表示为:

(1) 每一个 X_i 均是非空的;

(2) 对于所有的 $i \neq j$, 均有 $X_i \cap X_j = \varnothing$;

(3) $\cup \{X_i | 1 \leqslant i \leqslant m\} = U$。

定义 4.11   集合 U 的覆盖是 U 的非空子集的集合[80], 其并集是 U。当 U 是一个有限集合, U 的覆盖

$$\pi = \{X_i | 1 \leqslant i \leqslant m\}$$

由有限数量的块组成。在这种情况下, 覆盖的条件可以简单地表示为:

(1) 每一个 X_i 均为非空的;

(2) $\cup \{X_i | 1 \leqslant i \leqslant m\} = U$。

在超图 H 中, 如果 $\exists e_i, e_j \in \mathbf{E}$ 且 $e_i \cap e_j = \varnothing$ (即超边在超图中不相交), 那么, 超边便是这个层次上粒的一个划分。

在模糊超图 $\mathcal{H}$ 中, 如果 $\exists \mu_i, \mu_j \in \mathcal{E}$ 且 $\mathrm{supp}\,\mu_i \cap \mathrm{supp}\,\mu_j = \varnothing$ (即模糊超边在模糊超图中不相交), 那么, 模糊超边便是这个层次上粒的一个划分。

在模糊超图 $\mathcal{H}$ 中, 如果 $\exists \mu_i, \mu_j \in \mathcal{E}$ 且 $\mathrm{supp}\,\mu_i \cap \mathrm{supp}\,\mu_j \neq \varnothing$ (即模糊超边在模糊超图中不相交), 那么, 模糊超边便是这个层次上粒的一个覆盖。实际上, 从模糊超图的定义可以看出, 模糊超图是顶点集 X 的覆盖。

图 4.2 表示一个层次内的粒的划分, 图 4.3 表示一个层次内的粒的覆盖。

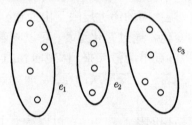

图 4.2   一个层次内粒的划分

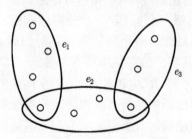

图 4.3   一个层次内粒的覆盖

粒至少有 3 个基本属性: 内部属性、外部属性和上下文属性[71]。粒的内部属性由属于粒的所有元素决定, 并反映了元素之间的相互作用。在这个模型中, 内部属性体现了顶点间的关系。粒被外部物质视为不可分割的整体, 表现出粒之间的关系。外部属性在隶属度 μ 下体现了顶点属于模糊超边 $\mathcal{E}$ 的程度, 上下文属性表示环境中存在粒。

根据该模型中粒的性质, 可以通过逻辑、集合理论和知识来计算粒的性质。在本书中, 我们介绍一些基本的运算符。从外部属性的角度, 我们定义以下运算符。因此, 我们可以在集合理论的背景下研究粒计算模型。

定义 4.12 设 G_1 和 G_2 是模型中的两个粒, 它们的外部属性是模糊超边 μ_1 和 μ_2。两个粒 $G_1 \cup G_2$ 的并是一条即包含模糊超边 μ_1 中的顶点又包含模糊超边 μ_2 中的顶点的模糊超边。

注意到如果 $x_i \in \mu_1$ 且 $x_i \in \mu_2$, 那么在两个粒的并 $G_1 \cup G_2$ 中, 有 $\mu(x_i) = \max\{\mu_1(x_i), \mu_2(x_i)\}$。

定义 4.13 设 G_1 和 G_2 是模型中的两个粒, 它们的外部属性是模糊超边 μ_1 和 μ_2。两个粒的交集 $G_1 \cap G_2$ 是一条模糊超边, 交集中的顶点即属于 μ_1 又属于 μ_2。

注意到如果 $x_i \in \mu_1$ 且 $x_i \in \mu_2$, 那么在两个粒的交集 $G_1 \cup G_2$ 中, 有 $\mu(x_i) = \min\{\mu_1(x_i), \mu_2(x_i)\}$。

定义 4.14 考虑模型中的两个粒 G_1 和 G_2, 它们的外部属性是模糊超边 μ_1 和 μ_2。两个粒 G_1 和 G_2 的差是一条模糊超边, 这条模糊超边包含模糊超边 μ_1 中的顶点, 但是不包括模糊超边 μ_2 中的顶点, 它被表示成 $G_1 - G_2$。

注意到如果顶点满足 $\mu_1(x_i) \geqslant 0$ 且 $\mu_2(x_i) \geqslant 0, 0 \leqslant i \leqslant n$, 那么顶点即属于 μ_1 又属于 μ_2; 如果顶点满足 $\mu_1(x_i) \geqslant 0$ 但 $\mu_1(x_i) = 0$, 那么顶点属于 μ_1 但是不属于 μ_2。

定义 4.15 考虑模型中的两个粒 G_1 和 G_2, 它们的外部性质是模糊超边 μ_1 和 μ_2。对于模糊超边 μ_1 中的顶点, 如果也属于模糊超边 μ_2, 例如 $\mu_1 \subseteq \mu_2$, 那么 G_1 是 G_2 的子粒, G_2 是 G_1 的父粒。

根据内部性质的定义, 可以从关系算子的角度计算粒。

4.3.2 信息系统的商空间结构

如前所述, 一定层次的粒度结构可以构建为模糊超图, 通过不同粒度层次描述一个问题。因此, 基于不同粒度层次的粒结构可以构成一组模糊超图。可以基于不同层次上的超图来构建层次结构, 较低层次是以具体粒度表示问题, 表达了粒之间的关系。较高层次的超图是以抽象的粒度表示问题, 表示了粒子集之间的关系。层次结构的转变反映了从具体到抽象, 从细化到粗糙的转化。那么可以先分别构建单层结构, 然后使用不同层次之间的映射关系将它们集成到层次结构中[80]。

定义 4.16 设 $\mathcal{H}_1$ 和 $\mathcal{H}_2$ 是一个层次结构中的两个模糊超图, 其 $\lambda-$ 截集为 $H_{1\lambda}$ 和 $H_{2\lambda}$。当 $\mathcal{E}_i^1 \geqslant \lambda$ 时, $0 < \lambda \leqslant 1$, 由 $H_{1\lambda}$ 到 $H_{2\lambda}$ 的映射 f, $f : H_{1\lambda} \to H_{2\lambda}$, 将超图 $H_{1\lambda}$ 中的模糊超边 $E_{\lambda i}^1$ 的 $\lambda-$ 截集中的顶点 x_i^2 映射到模糊超图 H_λ^2 中。它可以描述为 $f(E_{\lambda i}^1) = x_i^2$, $f^{-1}(x_i^2) = E_{\lambda i}^1$, 其中 $1 \leqslant i \leqslant n$。

注意到 $\mathcal{H}_1$ 中的粒比 $\mathcal{H}_2$ 中的粒更细, 因此将 $\mathcal{H}_1$ 中的粒称为细粒, $\mathcal{H}_2$ 中的粒称为粗粒。

在模糊超图模型中, 我们可以通过映射描述不同层次的模糊超图之间的连接。在每个层次上, 问题可以由这个层次上的粒度表示。映射可以连接一个问题在不同层次上的不同表示。在较粗糙的层次上, 可以通过模糊粒度的特性来获得顶点之间的模糊关系。在构造模糊超图模型的过程中, 主要有两种层次结构的构造方式: 自上而下的构造方式和自下而上的构造方式。

算法 4.1 算法 4.1 步骤如下:

(1) 根据关系集 R, 将有关系 $r \in R$ 的顶点连接到一起形成单元 O, 通过隶属函数 $\mu(x)$ 计算或给出粒属于该单元的隶属度, 这个单元被看作是模糊超边。这样便构造出模糊超图模型的 $i-$ 层。

(2) 固定 λ, 其中 $0 < \lambda \leqslant 1$, 便得到模糊超图模型 $i-$ 层上的 $\lambda-$ 截集。

(3) 将 $i-$ 层上的粒映射到 $(i+1)-$ 层上。

(4) 计算 $(i+1)$-层上顶点间的关系, 得到单元 O。

(5) 通过隶属函数 $\mu(x)$ 计算出或给出 $(i+1)-$ 层上单元 O 的隶属度, 即构造出模糊超图模型的 $(i+1)-$ 层。

(6) 对于第二步中固定的 λ, 可以得到在 $(i+1)-$ 层上的模糊超图的 $\lambda-$ 截集。

(7) 重复步骤 $(1) \sim (5)$, 直到整个集合被构造成粒。

算法 4.1 介绍了自下而上构造的可能方法。自上而下的构造过程与自下而上的构造过程相似。图 4.4 显示了自下而上的构造过程。

粒计算强调多视角, 为了实现这一目标, 有必要考虑多个层次结构。根据关系集 R 的不同解释, 可以构建不同的层次结构。每个层次结构是问题的一个特定方面。通过不同的层次结构, 可以构建粒度计算的多级和多视角超图模型。在超图模型中, 每个层次结构由一系列超图表示。超图是层次结构中的层次, 映射连接层次结构中的不同层次。每个层次都包含许多超边, 并且每条超边都是具有相似特征的对象的集合, 这些具有相似特征的对象可以被看成是一个整体。如上所述, 超图模型是粒结构的有效表示方法, 也是解决问题的有效途径。

为了说明构造超图模型的第 $i-$ 层, 我们通过例 4.3 进行说明。

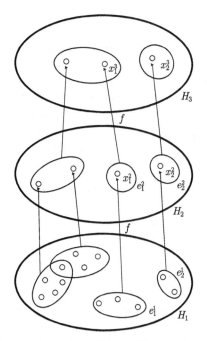

图 4.4 自下而上的粒计算模型的构造过程

例 4.3 在快递超网络中,顶点表示快速公司。根据关系集 R,有关系 $r \in R$ 的顶点结合在一起形成一个单元 O,一个单元中的快递公司只为一家商店服务。给出顶点属于该单元的隶属度 O,便得到了模糊超边,模糊超边便是粒。模糊超边表示一个有快速需求的商店,超边中的顶点数表示为商店服务的快递公司的数量。例如,有十家快递公司,相应的超图模型如图 4.5 所示,因此,模糊超图的关联矩阵为:

$$
\begin{array}{c}
 \\
x_1 \\
x_2 \\
x_3 \\
x_4 \\
x_5 \\
x_6 \\
x_7 \\
x_8 \\
x_9 \\
x_{10}
\end{array}
\begin{array}{ccccc}
\mu_1 & \mu_2 & \mu_3 & \mu_4 & \mu_5 \\
\left(\begin{array}{ccccc}
0.8 & 0 & 0 & 0 & 0 \\
0.9 & 0 & 1 & 0 & 0 \\
0.3 & 0.6 & 0 & 0 & 0 \\
0.8 & 0 & 0 & 0 & 0 \\
0 & 0.3 & 0 & 0 & 0 \\
0 & 0.7 & 0 & 0 & 0 \\
0 & 0.5 & 0 & 0.1 & 0 \\
0 & 0 & 0 & 0.6 & 0 \\
0 & 0 & 0.6 & 0.7 & 0.4 \\
0 & 0 & 0 & 0 & 0.5
\end{array}\right)
\end{array}
$$

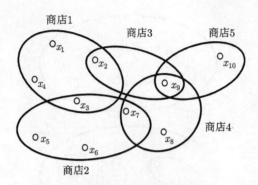

图 4.5   一个快递超网络的超图模型

我们给出了一个关于粒计算的模糊超图模型, 这与人类思维一致, 因此可以用它作为解决问题的方法。Zhang[154] 强调人工智能被普遍接受的特征之一就是我们可以在不同的粒度上分析和查看相同的问题。同时, 他们指出, 对于问题的求解, 人们不仅能在不同粒度世界上进行, 而且能够很快地从一个粒度世界转移到另一个粒度世界, 往返自如, 毫无困难。因此, 问题的求解过程可以被认为是在模型的不同层次上进行计算。

一个现实世界的问题通常可以转化为其他粒度的问题, 并且可以在每个粒度中分解成几个小问题。模糊超图模型提出了问题的多层次粒度, 在模型中, 在特定阶段选择具体的层次是选择过程中的重点工作; 不同层次之间的转换是粒度的转换过程[80]。

在基于模糊超图模型的粒结构中, 通过 "细化" 和 "粗化" 运算符可以实现不同层次的粒之间、不同粒度的层次与层次之间的联系和转换。粗化运算符处理从细粒度到粗粒度的转化, 细化运算符处理从粗粒度到细粒度的转化。

下面在基于模糊超图模型的粒结构的基础上, 给出 "细化" 和 "粗化" 运算符的定义。

定义 4.17 设模糊超图 $\mathcal{H}_1$ 和 $\mathcal{H}_2$ 是层次结构中的两个层次, $\mathcal{H}_1$ 的粒度比 $\mathcal{H}_2$ 的粒度精细。$\mathcal{H}_1 = (V_1, \mathcal{E}_1)$, $\mathcal{H}_2 = (V_2, \mathcal{E}_2)$, 其对应的 λ-截集为 $H_{1\lambda} = (V_1, E_{1\lambda})$, $H_{2\lambda} = (V_2, E_{2\lambda})$。令 $e_{i\lambda}^1 \in E_{1\lambda}$, $x_j^1 \in V_1$ 且 $x_j^1 \in e_{i\lambda}^1$, $e_{l\lambda}^2 \in E_{2\lambda}$, $x_m^2, x_n^2 \in V_2$ 且 $x_m^2, x_n^2 \in e_{l\lambda}^2$。如果 $f(e_{i\lambda}^1) = x_m^2$, 那么 x_j^1 和 x_n^2 之间的关系是 $r(x_j^1, x_n^2)$。关系 $r(x_j^1, x_n^2)$ 可以通过粒的性质获得。

细化[80]: 超边 $f^{-1}(x_m)$ 代替在另一个层次上的顶点 x, 新层次之间的关系仍然是原层次上的顶点之间的关系。这是从粗糙的层次到精细的层次的转变。新层次和原层次的顶点之间的关系可以通过函数 $r(x_1^1, x_n^2)$ 得到。

粗化[80]: 用顶点 $f(e_{i\lambda})$ 代替在另一个层次上的超边 e。这是从精细的层次到粗糙的层次的转变。

细化运算将一个高层次的粒 (即粗粒度层次上的粒) 分解为若干个低层次的粒 (即细粒度层次上的粒), 当高层次上的所有粒全部被分解为低层次上的粒后, 就实现了从粗粒度层次到细粒度层次的转换, 这种转换反映了解决问题过程中, 由粗糙到细致、由抽象到具体的变化。显然, 细化运算符可以根据需要为问题求解提供更多的细节或者更详细的描述。粗化运算根据划分规则将有关系的对象合成为一个整体, 将细粒度层次中的粒转换为粗粒度层次中的粒, 同时将细粒度的层次转换为粗粒度的层次。这种从细粒度层次到粗粒度层次的转换实现了由具体到笼统、由细致到抽象的变化。粗化运算符将不相关的细节忽略掉, 为问题求解提供更抽象的描述。

4.4 信息系统的粒计算超图划分模型

本节通过模糊等价关系建立了粒度计算的超图模型。

4.4.1 模型的建立

论域的一个简单粒可以基于模糊等价关系或划分来定义[37]。正如我们在 4.1 节中所说明的那样, 令 U 表示一个称为论域的有限和非空集合。令 X 和 Y 为两个有限集, 且 $X \times Y$ 为 X 和 Y 的笛卡尔积。每个 $X \times Y$ 的模糊子集 $\tilde{R}$ 被称为从 X 到 Y 的模糊二进制关系。也就是说, $\tilde{R}$ 是自反的、对称的和可传递的。

模糊等价关系 $\tilde{R}$ 将集合 U 划分成一系列不相交的子集, 称为由 $\tilde{R}$ 产生的划分并表示为 $\pi_{\tilde{R}} = U/\tilde{R}$。分区中的子集也称为块。相反地, 给出论域的一个划分 $\pi_{\tilde{R}}$, 可以唯一地定义一个模糊等价关系 $\tilde{R}_\pi$:

$x\tilde{R}_\pi y \Longleftrightarrow x$ 和 y 在划分 π 的同一块中。

首先, 我们定义对象空间。

定义 4.18 对象空间是一个系统 $(U, \tilde{R}_\lambda)$, 其中 U 是对象的有限非空集合, $\tilde{R}_\lambda$ 是对象之间在 U 中的模糊等价关系的有限非空集合。$\tilde{R}_\lambda = \{r_{1\lambda}, r_{2\lambda}, \cdots, r_{n\lambda}\}$, 其中 $n = |U|$。对于 $r_{i\lambda} \in \tilde{R}$, $r_\lambda \subseteq U \times U \times \cdots \times U$, 其中 $i \leqslant n$, $n = |U|$。对于 $(x_1, x_2, \cdots, x_i) \subseteq U$, 如果 $(x_1, x_2, \cdots, x_i) \subseteq r_{i\lambda}$, 那么有一个 $(x_1, x_2, \cdots, x_i)$ 上的 i-进制关系 $r_{i\lambda}$。

例 4.4 令 $U = \{x_1, x_2, x_3, x_4, x_5\}$, $\tilde{R}_\lambda = \{r_{1\lambda}, r_{2\lambda}, r_{3\lambda}, r_{4\lambda}, r_{5\lambda}\}$, 如例 4.1 所示, 如果 $0.5 < \lambda_3 \leqslant 0.7$, 那么 $r_{1\lambda} = \{(x_2)\}$, $r_{2\lambda} = \{(x_1, x_3), (x_4, x_5)\}$, $r_{3\lambda}, r_{4\lambda}, r_{5\lambda} = \varnothing$。

在定义 4.18 所定义的对象空间中, 我们用超图的一个顶点来表示空间中的对象, 并且用超边对应具有模糊等价关系 $\tilde{R}$ 的对象, 那么我们便得到一个粒计算的超图划分模型。在这个模型中, 顶点表示一个对象, 超边表示的子集在划分中也被称为块, 对象在相同的块中具有模糊等价关系 $\tilde{R}$, 对象因为它们之间的关系被看成是一个单元, 这也是一个粒。

顶点之间的模糊等价关系可以通过实际情况得到, 在计算出模糊等价关系之后, 具有模糊等价关系的顶点集合可以被集成到一条超边中。当具有模糊等价关系的所有顶点分别被集成到超边中时, 便建立了模型的一个分层。例 4.5 给出了构建超图划分模型一个层次的实例。

例 4.5　在快递超网络中, 顶点表示快速公司。超边代表一个有快速需求的商店, 超边的顶点数表示为商店服务的快递公司的数量。例如, 有 10 家快递公司, 每一个快递公司有 6 个属性, 分别为: 运费、运送时间、是否有流转追踪信息技术、寄取点距离、时间窗服务以及快递公司的规模。用 1 和 0 表示属性值, 具体见表 4.1。

表 4.1　属性值

属　　性	属性描述	属性值	属性描述	属性值
运费	低	1	高	0
运送时间	短	1	长	0
流转追踪信息技术	有	1	无	0
寄取点距离	近	1	远	0
时间窗服务	有	1	无	0
快递公司的规模	大	1	小	0

a_1 表示运费, a_2 表示运送时间, a_3 表示流转追踪信息技术, a_4 表示寄取点距离, a_5 表示时间窗服务, a_6 表示快递公司的规模, 信息表见表 4.2。

表 4.2　信息表

U	a_1	a_2	a_3	a_4	a_5	a_6
快递公司 1	1	0	0	1	0	0
快递公司 2	1	0	0	1	0	0
快递公司 3	1	1	0	1	0	0
快递公司 4	1	1	0	1	1	0
快递公司 5	1	1	0	0	0	1
快递公司 6	1	1	0	0	0	0
快递公司 7	1	1	1	0	0	0
快递公司 8	1	0	1	0	0	0
快递公司 9	1	0	1	0	1	0
快递公司 10	0	0	1	0	1	0

由公式 (4.1), 可以得到如下模糊关系矩阵:

$$M_{\tilde{R}} = \begin{bmatrix} 1 & 1 & 0.67 & 0.5 & 0.25 & 0.33 & 0.25 & 0.33 & 0.25 & 0 \\ 1 & 1 & 0.67 & 0.5 & 0.25 & 0.33 & 0.25 & 0.33 & 0.25 & 0 \\ 0.67 & 0.67 & 1 & 0.75 & 0.5 & 0.66 & 0.5 & 0.25 & 0.2 & 0 \\ 0.5 & 0.5 & 0.75 & 1 & 0.4 & 0.4 & 0.4 & 0.2 & 0.4 & 0.2 \\ 0.25 & 0.25 & 0.5 & 0.4 & 1 & 0.67 & 0.5 & 0.25 & 0.2 & 0 \\ 0.33 & 0.33 & 0.67 & 0.4 & 0.67 & 1 & 0.67 & 0.33 & 0.25 & 0 \\ 0.25 & 0.25 & 0.5 & 0.4 & 0.5 & 0.67 & 1 & 0.67 & 0.5 & 0.25 \\ 0.33 & 0.33 & 0.25 & 0.2 & 0.25 & 0.33 & 0.67 & 1 & 0.67 & 0.33 \\ 0.25 & 0.25 & 0.2 & 0.4 & 0.2 & 0.25 & 0.5 & 0.67 & 1 & 0.67 \\ 0 & 0 & 0 & 0.2 & 0 & 0 & 0.25 & 0.33 & 0.67 & 1 \end{bmatrix}$$

利用文献 [150] 中的方法, 可以计算出上述矩阵的传递闭包 R, 它也是模糊等价关系矩阵。

$$M_R = \begin{bmatrix} 1 & 0.4 & 0.67 & 0.5 & 0.5 & 0 & 0 & 0 & 0 & 0 \\ 0.4 & 1 & 0.4 & 0.4 & 0.4 & 0 & 0 & 0 & 0 & 0 \\ 0.67 & 0.4 & 1 & 0.5 & 0.5 & 0 & 0 & 0 & 0 & 0 \\ 0.5 & 0.4 & 0.5 & 1 & 0.75 & 0 & 0 & 0 & 0 & 0 \\ 0.5 & 0.4 & 0.5 & 0.75 & 1 & 0 & 0 & 0 & 0 & 0 \\ 0 & 0 & 0 & 0 & 0 & 1 & 0 & 0.33 & 0.2 & 0.2 \\ 0 & 0 & 0 & 0 & 0 & 0 & 1 & 0 & 0 & 0 \\ 0 & 0 & 0 & 0 & 0 & 0.33 & 0 & 1 & 0.2 & 0.2 \\ 0 & 0 & 0 & 0 & 0 & 0.2 & 0 & 0.2 & 1 & 0.25 \\ 0 & 0 & 0 & 0 & 0 & 0.2 & 0 & 0.2 & 0.25 & 1 \end{bmatrix}$$

令 $0.5 < \lambda \leqslant 0.67$, 其对应层次的商空间结构如下:

$$U/\tilde{R}_\lambda = \{\{x_1, x_3\}, \{x_2\}, \{x_4, x_5\}, \{x_6\}, \{x_7\}, \{x_8\}, \{x_9\}, \{x_{10}\}\}$$

那么, 我们可以得到 8 条超边, 分别是 $E_1 = \{x_1, x_3\}$, $E_2 = \{x_2\}$, $E_3 = \{x_4, x_5\}$, $E_4 = \{x_6\}$, $E_5 = \{x_7\}$, $E_6 = \{x_8\}$, $E_7 = \{x_9\}$, $E_8 = \{x_{10}\}$。

这样便构造了一个单层的超图模型。

在粒层次结构中, 不同层次粒之间的连接可以通过映射来描述。Giunchglia 和 Walsh[152] 将抽象视为抽象理论发展过程中一对正式系统之间的映射。一个系统被称为基础空间, 另一个系统被称为抽象空间。在每个层次形成粒的过程中, 一个问题被该层次的粒度表示。映射连接不同层次细节上相同问题的不同表示。一般来说, 可以通过关注映射的属性来分类和研究不同类型的粒[152]。

粒计算的基本任务是通过在不同粒度层次间的转换来改变对问题的理解。当我们从一个细节层面移动到另一层面时，我们需要根据改变对问题的观点来转换对问题的表示[152,153]。细粒度层次上因为体现对问题详细的描述而会显示更多信息，而粗粒度层次可以通过省略问题的无关细节来体现对问题的简单观点[36,55,143,152,154]。

定义 4.19 设 H_1 和 H_2 是分层结构中的两个超图。H_1 的模糊粒度比 H_2 的模糊粒度精细，我们将 H_1 看做精细模糊粒度，H_2 为粗糙模糊粒度。f 为由 H_1 到 H_2 的映射，$f : H_1 \to H_2$ 将 H_1 中的超边映射为 H_2 中的顶点。$f^{-1} : H_2 \to H_1$ 将 H_2 中的顶点映射为 H_1 中的超边。如果 $e_i^1 \in H_1$，那么经过映射 f，其所对应的顶点为 x_i^2，我们将其描述为 $f(e_i^1) = x_i^2$，$f^{-1}(x_i^2) = e_i^1$。

如 4.3 节的模糊超图模型，可以通过映射描述不同层次的粒度之间的连接。映射连接同一问题的不同表示，即将不同层次的粒连接起来。

算法 4.2 算法 4.2 步骤如下：

(1) 根据实际情况，得到模糊关系矩阵。

(2) 固定 λ，其中 $0 < \lambda \leqslant 1$，得到其对应的分层商空间结构，然后得到超边。

(3) 将第 $i-$ 层的粒映射到 $(i+1)-$ 层。

(4) 计算 $(i+1)-$ 层上顶点的模糊等价关系，且得到模糊关系矩阵。

(5) 根据第二步确定的 λ，得到其对应的分层商空间结构，然后得到 $(i+1)-$ 层的超边，边构造出了模型的 $(i+1)-$ 层。

算法 4.2 介绍了自下而上的构造方法，自上而下的构造过程与自下而上的构造过程相似。

粒的概念描述了在各种粒度下人们感知现实世界的能力，并且只考虑那些人们感兴趣的事物。粒计算方法描述了在解决问题的过程中人们在不同粒度之间转换的能力，例如，对于给定的论域，可以定义转换方法和运算符，从而实现对问题的描述。尽管各种转换方法之间存在差异，但它们都受到粒计算基本原理的约束[37]。

4.4.2 不同粒结构之间的关系

给定论域 U 上的模糊等价关系 $\tilde{R}$，我们得到论域 $U/\tilde{R}_\lambda$ 的粗粒度，被叫做论域 U 的商空间，其中

$$[x]_{\tilde{R}_\lambda} = \{x' \in U | x\tilde{R}_\lambda x'\}$$

等价类 $[x]_{\tilde{R}_\lambda}$ 被看作一个层次上超图的超边 e_i。

在定义 4.10 中，我们可以知道超边 e_i 是超图的一个划分，它满足：

(1) 每条超边 e_i 包含至少一个顶点；

(2) 对于 $i \neq j$，$e_i \cap e_j = \varnothing$；

(3) $\cup e_i = V$。

定义 4.20 设 H_1 和 H_2 是分层结构中的两个超图，H_1 的粒度比 H_2 的粒度精细，$H_1 = (V_1, E_1)$，$H_2 = (V_2, E_2)$，其中 e_i^1，e_j^1 为 E_1 中的任意两条超边，且 v_i^2，v_j^2 是 V_2 中的任意顶点，$i, j = 1, 2, \cdots, n$。定义算子 $\sigma : H_2 \to H_1$，对 $\forall v_i^2 \in V_2$，满足 $\sigma(v_i^2) = e_i^1$，其中 $e_i^1 \in E_1$，那么 σ 被叫做细化算子 (见图 4.6(a))。

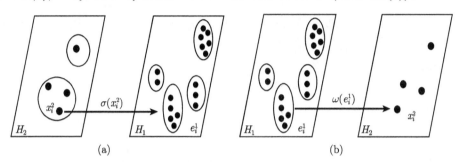

图 4.6 超图模型两个层次间的放大和缩小

(a) 放大; (b) 缩小

用超边 $\sigma(v_i^2)$ 代替另一层次上的顶点 v_i^2，新层次上超边之间的关系保持原始层次顶点之间的关系。

注记 4.1 (1) 根据定义 4.5，对 $\forall V_2', V_2'' \subseteq V_2$，$\sigma(V_2') = \bigcup\limits_{v_i^2 \in V_2'} \sigma(v_i^2)$，显然有 $\sigma(V_2'') = \bigcup\limits_{v_j^2 \in V_2''} \sigma(v_j^2)$。

(2) 根据定义 4.20，为方便表达，我们规定超图 H_2 的顶点集 $V_2', V_2'' \subseteq V_2$ 对应超图 H_1 中的超边集 E_1', E_2''。

定理 4.1 细化算子 σ 有以下性质:

(1) $\sigma(\varnothing) = \varnothing$。

(2) $\sigma(V_2) = E_1$。

(3) $\sigma((V_2')^{\mathrm{C}}) = (\sigma(V_2'))^{\mathrm{C}}$。

(4) $\sigma(V_2' \cap V_2'') = \sigma(V_2') \cap \sigma(V_2'')$。

(5) $\sigma(V_2' \cup V_2'') = \sigma(V_2') \cup \sigma(V_2'')$。

(6) $V_2' \subseteq V_2'' \Leftrightarrow \sigma(V_2') \subseteq \sigma(V_2'')$。

证明:

(1) 显然，有 $\sigma(\varnothing) = \varnothing$。

(2) 对 $\forall v_i^2 \in V_2$，有 $\sigma(V_2) = \bigcup\limits_{v_i^2 \in V_2} \sigma(v_i^2) = \bigcup\limits_{e_i^1 \in E_1} e_i^1 = E_1$。

(3) 设 $(V_2')^{\mathrm{C}} = W_2'$，$(V_2'')^{\mathrm{C}} = W_2''$，显然有 $V_2' \cap W_2' = \varnothing$，$V_2' \cup W_2' = V_2$。根据 (2)，我们知道 $\sigma(V_2') = E_1'$，我们用 Y_1' 表示超图 H_1 中的边集，Y_1' 与超图 H_2 中的

顶点集 W_2' 相对应，即 $\sigma(W_2') = Y_1'$。

$$\sigma((V_2')^C) = \sigma(W_2) = \bigcup_{v_i^2 \in W_2'} \sigma(v_i^2) = \bigcup_{e_i^1 \in Y_1'} e_i^1 = Y_1'$$

$$(\sigma(V_2'))^C = (\bigcup_{v_j^2 \in V_2'} \sigma(v_j^2))^C = \bigcup_{e_j^1 \in E_1'} e_j^1 = (E_1')^C$$

根据定理 4.1，粗粒度层次上超边之间的关系保持细粒度层次上顶点之间的关系，我们可以得到 $(E_1')^C = Y_1'$。

因此，$\sigma((V_2')^C) = (\sigma(V_2'))^C$。

(4) 设 $V_2' \cap V_2'' = \bar{V}_2$，对 $\forall v_i^2 \in \bar{V}_2$，显然有 $v_i^2 \in V_2'$, $v_i^2 \in V_2''$。

$$\sigma(V_2' \cap V_2'') = \sigma(\bar{V}_2) = \bigcup_{v_i^2 \in \bar{V}_2} \sigma(v_i^2) = \bigcup_{e_i^1 \in \bar{E}_1} e_i^1 = \bar{E}_1$$

$$\sigma(V_2') \cap \sigma(V_2'') = \{\bigcup_{v_i^2 \in V_2'} \sigma(v_i^2)\} \cap \{\bigcup_{v_j^2 \in V_2''} \sigma(v_j^2)\}$$

$$= \{\bigcup_{e_i^1 \in E_1'} e_i^1\} \cap \{\bigcup_{e_j^1 \in E_1''} e_j^1\}$$

$$= E_1' \cap E_1''$$

根据定理 4.1，粗粒度层次上超边之间的关系保持细粒度层次上顶点之间的关系，我们可以得到 $E_1' \cap E_1'' = \bar{E}_1$。

因此，$\sigma(V_2' \cap V_2'') = \sigma(V_2') \cap \sigma(V_2'')$。

(5) 设 $V_2' \cup V_2'' = \bar{\bar{V}}_2$。

$$\sigma(V_2' \cup V_2'') = \sigma(\bar{\bar{V}}_2) = \bigcup_{v_i^2 \in \bar{\bar{V}}_2} \sigma(v_i^2) = \bigcup_{e_i^1 \in \bar{\bar{E}}_1} e_i^1 = \bar{\bar{E}}_1$$

$$\sigma(V_2') \cup \sigma(V_2'') = (\bigcup_{v_i^2 \in V_2'} \sigma(v_i^2)) \cup (\bigcup_{v_j^2 \in V_2''} \sigma(v_j^2))$$

$$= (\bigcup_{e_i^1 \in E_1'} e_i^1) \cup (\bigcup_{e_j^1 \in E_1''} e_j^1)$$

$$= E_1' \cup E_1''$$

根据定理 4.1，粗粒度层次上超边之间的关系保持细粒度层次上顶点之间的关系，我们可以得到 $E_1' \cup E_1'' = \bar{\bar{E}}_1$。

因此，$\sigma(V_2' \cup V_2'') = \sigma(V_2') \cup \sigma(V_2'')$。

(6) 首先，我们证明 $V_2' \subseteq V_2'' \Rightarrow \sigma(V_2') \subseteq \sigma(V_2'')$。

$$V_2' \subseteq V_2'' \Rightarrow V_2' \cap V_2'' = V_2'$$

然而, $\sigma(V_2') = \bigcup\limits_{v_i^2 \in V_2'} \sigma(v_i^2) = \bigcup\limits_{e_i^1 \in E_1'} e_i^1 = E_1'$, $\sigma(V_2'') = \bigcup\limits_{v_j^2 \in V_2''} \sigma(v_j^2) = \bigcup\limits_{e_j^1 \in E_1''} e_j^1 = E_1''$。

根据定理 4.1, 粗粒度层次上超边之间的关系保持细粒度层次上顶点之间的关系, 我们可以得到 $E_1' \subseteq E_1''$, 即 $\sigma(V_2') \subseteq \sigma(V_2'')$。

所以, 我们有 $V_2' \subseteq V_2'' \Rightarrow \sigma(V_2') \subseteq \sigma(V_2'')$。

其次, 我们证明 $\sigma(V_2') \subseteq \sigma(V_2'') \Rightarrow V_2' \subseteq V_2''$。

显然, $\sigma(V_2') \subseteq \sigma(V_2'')$, 即 $E_1' \subseteq E_1''$。

用反证法。假设 $\sigma(V_2') \subseteq \sigma(V_2'')$, 则至少有一个顶点 $v_i^2 \in V_2'$ 但 $v_i^2 \notin V_2''$。

而 $\sigma(v_i^2) = e_i^1$, 由于粗粒度层次上超边之间的关系保持细粒度层次上顶点之间的关系, 我们有 $e_i^1 \in E_1'$ 但是 $e_i^1 \notin E_1''$, 即 $E_1' \nsubseteq E_1''$, 矛盾。

所以, 我们有 $\sigma(V_2') \subseteq \sigma(V_2'') \Rightarrow V_2' \subseteq V_2''$。

因此, $V_2' \subseteq V_2'' \Leftrightarrow \sigma(V_2') \subseteq \sigma(V_2'')$。

定义 4.21 设 H_1 和 H_2 是分层结构中的两个超图, H_1 的粒度比 H_2 的粒度精细。$H_1 = (V_1, E_1)$, $H_2 = (V_2, E_2)$, 其中 e_i^1, e_j^1 为超边集 E_1 中的任意超边, 且 v_i^2, v_j^2 是顶点集 V_2 中的任意顶点, $i, j = 1, 2, \cdots, n$。定义算子 $\omega: H_1 \to H_2$, 对 $\forall e_i^1 \in E_1$, 满足 $\omega(e_i^1) = v_i^2$, 其中 $v_i^2 \in V_2$。则 ω 被称为粗化算子 (见图 4.6(b))。

定理 4.2 令 E_1' 为超图 H_1 中的超边 E_1 的子集, 其中 $E_1' \subseteq E_1$。则粗化算子 ω 有如下性质:

(1) $\omega(\varnothing) = \varnothing$。

(2) $\omega(E_1) = V_2$。

(3) $\omega((E_1')^C) = (\omega(E_1'))^C$。

证明:

(1) 显然, 有 $\omega(\varnothing) = \varnothing$。

(2) 根据定义 4.21, 对 $\forall e_i^1 \in E_1$, 有 $\omega(e_i^1) = v_i^2$。对 H_1 中的超边 E_1, 因为 e_i^1 是超图的划分且有 $E_1 = \{e_1^1, e_2^1, \cdots, e_n^1\} = \bigcup\limits_{e_i^1 \in E_1} e_i^1$。则

$$\omega(E_1) = \omega(\bigcup\limits_{e_i^1 \in E_1} e_i^1) = \bigcup\limits_{e_i^1 \in E_1} \omega(e_i^1) = \bigcup\limits_{v_i^2 \in V_2} v_i^2 = V_2$$

(3) 设 $(E_1')^C = Y_1'$, 显然, $E_1' \cap Y_1' = \varnothing$, $E_1' \cup Y_1' = E_1$。

用反证法。假设 $v_i^1 \in \omega((E_1')^C)$, 但是 $v_i^1 \notin (\omega(E_1'))^C$。

$$v_i^1 \in \omega((E_1')^C) \Rightarrow v_i^1 \in \omega(Y_1')$$
$$\Rightarrow v_i^1 \in \bigcup\limits_{e_i^1 \in Y_1'} \omega(e_i^1)$$
$$\Rightarrow v_i^1 \in \bigcup\limits_{e_i^1 \in E_1 \backslash E_1'} \omega(e_i^1)$$

而
$$v_i^1 \notin (\omega(E_1'))^C \Rightarrow v_i^1 \in \omega(E_1') \Rightarrow v_i^1 \in \bigcup_{e_j^1 \in E_1'} \omega(e_i^1)$$

矛盾。

因此, $\omega((E_1')^C) = (\omega(E_1'))^C$。

但是, 当对 H_1 中的一些粒做粗化到 H_2 的运算时, 如果这些粒不能正好转化为 H_2 中的粒, 也就是说这些粒并不正好是 H_2 中的粒经过细化得到的粒的集合, 就需要粗化运算的近似运算。类似于粗糙集中的上下近似概念, 在文献 [140] 中, 提出粗化运算符的两个近似运算: 内粗化算子和外粗化算子。

定义 4.22 设 H_1 和 H_2 是分层结构中的两个超图, H_1 的粒度比 H_2 的粒度精细。令 E_1' 为超图 H_1 中的超边 E_1 的子集, 则

$$\underline{\omega}(E_1') = \{e_i^2 | e_i^2 \in E_2, \sigma(e_i^2) \subseteq E_1'\}$$

为由 H_1 到 H_2 的内粗化算子。

定义 4.23 设 H_1 和 H_2 是分层结构中的两个超图, H_1 的粒度比 H_2 的粒度精细。令 E_1' 为超图 H_1 中的超边 E_1 的子集, 则

$$\bar{\omega}(E_1') = \{e_i^2 | e_i^2 \in E_2, \sigma(e_i^2) \cap E_1' \neq \varnothing\}$$

为由 H_1 到 H_2 的外粗化算子。

例 4.6 设 H_1 和 H_2 是分层结构中的两个超图, H_1 的粒度比 H_2 的粒度精细。令 $H_1 = \{e_1^1, e_2^1, e_3^1, e_4^1, e_5^1\}$, $H_2 = \{e_1^2, e_2^2\}$, 其中 $e_1^2 = \{v_1^2, v_2^2, v_3^2\}$, $e_2^2 = \{v_4^2, v_5^2\}$ (见图 4.7)。

在超图 H_1 中, 令 $E_1' = \{e_3^1, e_4^1, e_5^1\}$, 不能直接将 E_1' 粗化到 H_2, 所以在内粗化算子和外粗化算子作用下, 有

$$\underline{\omega}(\{e_3^1, e_4^1, e_5^1\}) = \{e_2^2\}$$
$$\bar{\omega}(\{e_3^1, e_4^1, e_5^1\}) = \{e_1^2, e_2^2\}$$

定理 4.3 设 H_1 和 H_2 是分层结构中的两个超图, H_1 的粒度比 H_2 的粒度精细。在超图 H_1 中, 对 $\forall E_1', E_1'' \subseteq E_1$, 在超图 H_2 中, $\forall X_2' \subseteq X_2$, σ 为由 H_2 到 H_1 的粗化算子, $\underline{\omega}, \bar{\omega}$ 分别为由 H_2 到 H_1 的内粗化算子和外粗化算子。则

(1) $\underline{\omega}(\varnothing) = \bar{\omega}(\varnothing) = \varnothing$;

(2) $\underline{\omega}(E_1) = \bar{\omega}(E_1) = X_2$;

(3) $\underline{\omega}(E_1') \subseteq \bar{\omega}(E_1')$;

(4) $\underline{\omega}(E_1') = (\bar{\omega}((E_1')^C))^C$;

(5) $\bar{\omega}(E_1') = (\underline{\omega}((E_1')^C))^C$;

(6) $\underline{\omega}(\sigma(X_2)) = \bar{\omega}(\sigma(X_2)) = X_2$;

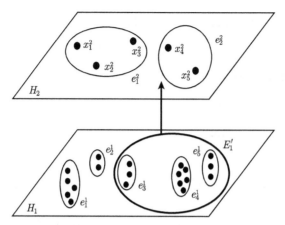

图 4.7 例 4.6 中的内粗化算子和外粗化算子

(7) $\sigma(\underline{\omega}(E_1')) \subseteq E_1'$;

(8) $E_1' \subseteq \sigma(\bar{\omega}(E_1'))$;

(9) $E_1' \subseteq E_1'' \Rightarrow \underline{\omega}(E_1') \subseteq \underline{\omega}(E_1'')$;

(10) $E_1' \subseteq E_1'' \Rightarrow \bar{\omega}(E_1') \subseteq \bar{\omega}(E_1'')$;

(11) $\underline{\omega}(E_1' \cap E_1'') = \underline{\omega}(E_1') \cap \underline{\omega}(E_1'')$;

(12) $\bar{\omega}(E_1' \cap E_1'') \subseteq \bar{\omega}(E_1') \cap \bar{\omega}(E_1'')$;

(13) $\underline{\omega}(E_1') \cup \underline{\omega}(E_1'') \subseteq \underline{\omega}(E_1' \cup E_1'')$;

(14) $\bar{\omega}(E_1' \cup E_1'') = \bar{\omega}(E_1') \cup \bar{\omega}(E_1'')$。

证明:

(1) 显然, 有 $\underline{\omega}(\varnothing) = \bar{\omega}(\varnothing) = \varnothing$。

(2) 由定义 4.22,

$$\underline{\omega}(E_1) = \underline{\omega}(\bigcup_{E_1' \subseteq E_1} E_1')$$

$$= \bigcup_{E_1' \subseteq E_1} \underline{\omega}(E_1')$$

$$= \bigcup_{E_1' \subseteq E_1} \{e_i^2 | e_i^2 \in E_2, \sigma(e_i^2) \subseteq E_1'\}$$

由超图的定义, 有 $X_2 = \cup\{e_i^2 | e_i^2 \in E_2\}$, 所以 $\underline{\omega}(E_1) = X_2$。

因此, $\underline{\omega}(E_1) = \bar{\omega}(E_1) = X_2$。

(3) 仅需证明对 $\forall e_i^2 \in \underline{\omega}(E_1')$, 有 $e_i^2 \in \bar{\omega}(E_1')$。

对 $\forall e_i^2 \in \underline{\omega}(E_1')$, 有 $\sigma(e_i^2) \subseteq E_1'$, 显然, $\sigma(e_i^2) \cap E_1' \neq \varnothing$, 所以 $e_i^2 \in \bar{\omega}(E_1')$。

因此, $\underline{\omega}(E_1') \subseteq \bar{\omega}(E_1')$。

(4) 仅需证明对 $\forall e_i^2 \in \underline{\omega}(E_1')$, 有 $e_i^2 \in (\bar{\omega}((E_1')^C))^C$。

对 $\forall e_i^2 \in \underline{\omega}(E_1')$, 根据定义 4.22, 有 $\sigma(e_i^2) \subseteq E_1'$。

而

$$(\bar{\omega}((E_1')^{\mathrm{C}}))^{\mathrm{C}} = \{e_i^2 | e_i^2 \in E_2, \sigma(e_i^2) \cap (E_1')^{\mathrm{C}} \neq \varnothing\}^{\mathrm{C}}$$

$$= \{e_i^2 | e_i^2 \in E_2, \sigma(e_i^2) \cap (E_1 \setminus E_1') \neq \varnothing\}^{\mathrm{C}}$$

$$\Rightarrow \sigma(e_i^2) \subseteq E_1'$$

因此, $e_i^2 \in (\bar{\omega}((E_1')^{\mathrm{C}}))^{\mathrm{C}}$。

故而, $\underline{\omega}(E_1') = (\bar{\omega}((E_1')^{\mathrm{C}}))^{\mathrm{C}}$。

(5) 与性质 (4) 的证明类似。

(6) $\sigma(X_2) = \bigcup\limits_{X_i^2 \in X_2} \sigma(X_i^2) = \bigcup\limits_{e_i^1 \in E_1} e_i^1 = E_1$, 由性质 (2), 我们有 $\underline{\omega}(\sigma(X_2)) = \bar{\omega}(\sigma(X_2)) = X_2$。

(7) 可由定义 4.22 直接得到。

(8) 仅需证明 $\forall e_i^1 \in E_1' \Rightarrow e_i^1 \in \sigma(\bar{\omega}(E_1'))$。

设 $e_i^1 = \sigma(X_i^2)$, 则 $\sigma(X_i^2) \in E_1'$。

现在仅需证明 $\sigma(X_i^2) \in \sigma(\bar{\omega}(E_1'))$, 即 $X_i^2 \in \bar{\omega}(E_1')$。

由定义 4.23, 有 $\bar{\omega}(E_1') = \{e_i^2 | e_i^2 \in E_2, \sigma(e_i^2) \cap E_1' \neq \varnothing\}$, 即对 $\forall e_i^2$, 如果满足 $\sigma(e_i^2) \cap E_1' \neq \varnothing$, 则 $e_i^2 \in \bar{\omega}(E_1')$。而 $\sigma(X_i^2) \in E_1'$, 即 $\sigma(X_i^2) \cap E_1' \neq \varnothing$, 所以 $X_i^2 \in \bar{\omega}(E_1')$。

因此, $E_1' \subseteq \sigma(\bar{\omega}(E_1'))$。

(9) 由定义 4.22, $\underline{\omega}(E_1') = \{e_i^2 | e_i^2 \in E_2, \sigma(e_i^2) \subseteq E_1'\}$, 可知 $\forall e_i^2 \in \underline{\omega}(E_1')$, 即有 $\sigma(e_i^2) \subseteq E_1'$, 而 $E_1' \subseteq E_1''$, 所以有 $\sigma(e_i^2) \subseteq E_1''$, 即 $e_i^2 \in \underline{\omega}(E_1'')$。

因此, $E_1' \subseteq E_1'' \Rightarrow \underline{\omega}(E_1') \subseteq \underline{\omega}(E_1'')$。

(10) 由定义 4.23, 可知 $\bar{\omega}(E_1') = \{e_i^2 | e_i^2 \in E_2, \sigma(e_i^2) \cap E_1' \neq \varnothing\}$。

仅需证明, 当 $E_1' \subseteq E_1''$ 时, $\forall e_i^2 \in \bar{\omega}(E_1') \Rightarrow e_i^2 \in \bar{\omega}(E_1'')$。而对 $\forall e_i^2 \in \bar{\omega}(E_1')$, 有 $\sigma(e_i^2) \cap E_1' \neq \varnothing$, $E_1' \subseteq E_1''$, 所以 $\sigma(e_i^2) \cap E_1'' \neq \varnothing$。因此, $e_i^2 \in \bar{\omega}(E_1'')$。

因此, $E_1' \subseteq E_1'' \Rightarrow \bar{\omega}(E_1') \subseteq \bar{\omega}(E_1'')$。

(11) 首先, 证明 $\underline{\omega}(E_1' \cap E_1'') \subseteq \underline{\omega}(E_1') \cap \underline{\omega}(E_1'')$。

仅需证明 $\forall e_i^2 \in \underline{\omega}(E_1' \cap E_1'') \Rightarrow e_i^2 \in \underline{\omega}(E_1') \cap \underline{\omega}(E_1'')$。

由定义 4.22, 知道 $\underline{\omega}(E_1' \cap E_1'') = \{e_i^2 | e_i^2 \in E_2, \sigma(e_i^2) \subseteq E_1' \cap E_1''\}$。

$$\sigma(e_i^2) \subseteq E_1' \cap E_1''$$

$$\Rightarrow \sigma(e_i^2) \subseteq E_1' \text{且} \sigma(e_i^2) \subseteq E_1''$$

$$\Rightarrow e_i^2 \in \underline{\omega}(E_1') \text{且} e_i^2 \in \underline{\omega}(E_1'')$$

$$\Rightarrow e_i^2 \in \underline{\omega}(E_1') \cap \underline{\omega}(E_1'')$$

所以 $\underline{\omega}(E_1' \cap E_1'') \subseteq \underline{\omega}(E_1') \cap \underline{\omega}(E_1'')$。

其次, 证明 $\underline{\omega}(E_1') \cap \underline{\omega}(E_1'') \subseteq \underline{\omega}(E_1' \cap E_1'')$。

仅需证明 $\forall e_i^2 \in \underline{\omega}(E_1') \cap \underline{\omega}(E_1'') \Rightarrow e_i^2 \in \underline{\omega}(E_1' \cap E_1'')$。

$$\forall e_i^2 \in \underline{\omega}(E_1') \cap \underline{\omega}(E_1'')$$
$$\Rightarrow e_i^2 \in \underline{\omega}(E_1') \text{且} e_i^2 \in \underline{\omega}(E_1'')$$
$$\Rightarrow \sigma(e_i^2) \subseteq E_1' \text{且} \sigma(e_i^2) \subseteq E_1''$$
$$\Rightarrow \sigma(e_i^2) \subseteq E_1' \cap E_1''$$
$$\Rightarrow e_i^2 \in \underline{\omega}(E_1') \cap \omega(E_1'')$$

所以 $\underline{\omega}(E_1') \cap \underline{\omega}(E_1'') \subseteq \underline{\omega}(E_1' \cap E_1'')$。

因此, $\underline{\omega}(E_1' \cap E_1'') = \underline{\omega}(E_1') \cap \underline{\omega}(E_1'')$。

(12) 由定义 4.23, 可知 $\bar{\omega}(E_1' \cap E_1'') = \{e_i^2 | e_i^2 \in E_2, \sigma(e_i^2) \cap (E_1' \cap E_1'') \neq \varnothing\}$。

现在, 仅需证明对 $\forall e_i^2 \in \bar{\omega}(E_1' \cap E_1'')$, 可以得到 $e_i^2 \in \bar{\omega}(E_1') \cap \bar{\omega}(E_1'')$。

$$\forall e_i^2 \in \bar{\omega}(E_1' \cap E_1'')$$
$$\Rightarrow \sigma(e_i^2) \cap (E_1' \cap E_1'') \neq \varnothing$$
$$\Rightarrow \sigma(e_i^2) \cap E_1' \neq \varnothing \text{且} \sigma(e_i^2) \cap E_1' \neq \varnothing$$
$$\Rightarrow e_i^2 \in \bar{\omega}(E_1') \text{且} e_i^2 \in \bar{\omega}(E_1'')$$
$$\Rightarrow e_i^2 \in \bar{\omega}(E_1') \cap \bar{\omega}(E_1'')$$

因此, $\bar{\omega}(E_1' \cap E_1'') \subseteq \bar{\omega}(E_1') \cap \bar{\omega}(E_1'')$

(13) 仅需证明 $\forall e_i^2 \in \underline{\omega}(E_1') \cup \underline{\omega}(E_1'') \Rightarrow e_i^2 \in \underline{\omega}(E_1' \cup E_1'')$。

$$\forall e_i^2 \in \underline{\omega}(E_1') \cup \underline{\omega}(E_1'')$$
$$\Rightarrow e_i^2 \in \underline{\omega}(E_1') \text{或} e_i^2 \in \underline{\omega}(E_1'') \text{或} e_i^2 \in \underline{\omega}(E_1') \text{且} e_i^2 \in \underline{\omega}(E_1'')$$

如果 $e_i^2 \in \underline{\omega}(E_1')$, 那么由定义 4.22, 有 $\sigma(e_i^2) \subseteq E_1'$。

$$\sigma(e_i^2) \subseteq E_1'$$
$$\Rightarrow \sigma(e_i^2) \subseteq E_1' \cup E_1''$$
$$\Rightarrow e_i^2 \in \underline{\omega}(E_1' \cup E_1'')$$

类似的, 可以证明, 当 $e_i^2 \in \underline{\omega}(E_1'')$ 或 $e_i^2 \in \underline{\omega}(E_1')$ 和 $e_i^2 \in \underline{\omega}(E_1'')$ 时, 有 $e_i^2 \in \underline{\omega}(E_1' \cup E_1'')$。

因此, $\underline{\omega}(E_1') \cup \underline{\omega}(E_1'') \subseteq \underline{\omega}(E_1' \cup E_1'')$。

(14) 首先, 证明 $\bar{\omega}(E_1' \cup E_1'') \subseteq \bar{\omega}(E_1') \cup \bar{\omega}(E_1'')$。

仅需证明 $\forall e_i^2 \in \bar{\omega}(E_1' \cup E_1'') \Rightarrow e_i^2 \in \bar{\omega}(E_1') \cup \bar{\omega}(E_1'')$。

由定义 4.23, 可知

$$\bar{\omega}(E_1' \cup E_1'') = \{e_i^2 | e_i^2 \in E_2, \sigma(e_i^2) \cap (E_1' \cup E_1'') \neq \varnothing\}$$

$$\sigma(e_i^2) \cap (E_1' \cup E_1'') \neq \varnothing$$

$$\Rightarrow (\sigma(e_i^2) \cap E_1') \cup (\sigma(e_i^2) \cap E_1'') \neq \varnothing$$

$$\Rightarrow \sigma(e_i^2) \cap E_1' \neq \varnothing 或 \sigma(e_i^2) \cap E_1'' \neq \varnothing 或 \sigma(e_i^2) \cap E_1' \neq \varnothing 且 \sigma(e_i^2) \cap E_1'' \neq \varnothing$$

$$\Rightarrow e_i^2 \in \bar{\omega}(E_1') 或 e_i^2 \in \bar{\omega}(E_1'') 或 e_i^2 \in \bar{\omega}(E_1') 且 e_i^2 \in \bar{\omega}(E_1'')$$

$$\Rightarrow e_i^2 \in \bar{\omega}(E_1' \cup E_1'')$$

所以, $\bar{\omega}(E_1' \cup E_1'') \subseteq \bar{\omega}(E_1') \cup \bar{\omega}(E_1'')$。

其次, 证明 $\bar{\omega}(E_1') \cup \bar{\omega}(E_1'') \subseteq \bar{\omega}(E_1' \cup E_1'')$。仅需证明 $\forall e_i^2 \in \bar{\omega}(E_1') \cup \bar{\omega}(E_1'')$。可以得到 $e_i^2 \in \bar{\omega}(E_1' \cup E_1'')$。

$$\forall e_i^2 \in \bar{\omega}(E_1') \cup \bar{\omega}(E_1'')$$
$$\Rightarrow e_i^2 \in \bar{\omega}(E_1') 或 e_i^2 \in \bar{\omega}(E_1'') 或 e_i^2 \in \bar{\omega}(E_1') 且 e_i^2 \in \bar{\omega}(E_1'')$$

如果 $e_i^2 \in \bar{\omega}(E_1')$, 由定义 4.23, 可知 $\sigma(e_i^2) \cap E_1' \neq \varnothing$, 显然, $\sigma(e_i^2) \cap (E_1' \cup E_1'') \neq \varnothing$, 即 $e_i^2 \in \bar{\omega}(E_1' \cup E_1'')$。

类似的, 可以证明, 当 $e_i^2 \in \bar{\omega}(E_1'')$ 或 $e_i^2 \in \bar{\omega}(E_1')$ 且 $e_i^2 \in \bar{\omega}(E_1'')$ 时, 有 $e_i^2 \in \bar{\omega}(E_1' \cup E_1'')$。

所以, $\bar{\omega}(E_1') \cup \bar{\omega}(E_1'') \subseteq \bar{\omega}(E_1' \cup E_1'')$。

因此, $\bar{\omega}(E_1' \cup E_1'') = \bar{\omega}(E_1') \cup \bar{\omega}(E_1'')$。

4.5 本章小结

粒计算的三元论模型以粒结构为基础, 包括 3 个部分: 哲学思想 (结构化思维)、方法论 (结构化问题求解)、计算模式 (结构化信息处理), 其将现有粒计算研究成果的共性抽象出来, 为问题求解提供了统一的方法论。粒计算研究的对象所具有的结构称为粒结构, 其组成元素包括粒、层次及分层结构。多层次和多视角是粒结构的核心内容。本章提出了一种粒度计算的模糊超图模型及超图模型来表示粒度结构, 并用粒计算方法来解决这个问题。超图模型是粒计算过程的可视化描述, 结果表明, 利用超图模型呈现粒结构和解决问题是有效的。

　　本章先基于模糊超图定义了模糊超图上的粒、层次。在对象空间 (U,R) 中，给出了 $i-$ 进制关系的定义，在此定义的基础上，将模糊超边与粒结合起来，从而给出了基于模糊超图的粒计算的一些定义及性质，然后基于包含关系定义了粒结构。此外，给出了粒计算的超图划分模型。论域的粒化可以基于模糊等价关系或划分来确定。在超图模型中，超边中的元素均具有模糊等价关系。在基于超图的粒结构的基础上，给出了粒结构中的细化运算符 σ、粗化运算符 ω。粗化运算符能够实现从细粒度到粗粒度的转换，将细粒度层次转换为粗粒度层次，或者将细粒度层次中的粒转换为粗粒度层次中的粒。细化运算符实现从粗粒度到细粒度的转换，将粗粒度层次转换为细粒度层次，或者将粗粒度层次中的粒转换为细粒度层次中的粒。在分层结构上，该模型可与模糊商空间结构相对应。通过两个运算符，可以在不同的粒度间自由转换，从而通过模仿人类问题的求解方式来更好地解决问题。

5 基于图的模糊合作博弈及其模糊分配函数

早在 1976 年, Myerson 提出了带有约束图的联盟博弈[101], 但是只对它进行了理论分析, 并没有利用它来解决实际的问题。而后, 图在合作博弈的研究中产生了广泛的应用, 产生了例如具有通信结构博弈, 优先约束下的博弈[102], 具有约束结构的博弈[103]。利用图可以直观体现参与人的联盟生成关系, 剔除不切实际的联盟, 从而可以快速计算出联盟成员的收益。Shapley 值[88] 是将 n 人合作带来的最大收益进行分配的一种方案, 它是合作博弈中常用的解概念之一。Shapley 值假设所有联盟的参与人均是理性的, 根据联盟中各参与人给联盟带来的边际贡献进行合理分配, 使得集体理性与个体理性达到均衡。由于现实问题的需要, 许多学者对不确定环境下具有模糊联盟的 n 人合作博弈的 Shapley 值进行了研究。Aubin[85] 于 1974 年正式提出了模糊联盟和模糊博弈的概念, 随后对模糊博弈的解展开了深入的研究。Butnariu[89] 于 1978 年提出了与 Aubin 大致相同的模糊博弈及解的概念, 随后研究了具有模糊联盟的 n 人合作博弈的 Shapley 值。由于 Butnariu 定义的具有模糊联盟 n 人合作博弈的 Shapley 值与经典的 Shapley 值相比, 既不单调又不连续, 为了克服此不足, Tsurumi[93] 于 2001 年利用 Choquet 积分构造了一类具有模糊联盟的 n 人合作博弈, 并对此博弈的 Shapley 值进行了研究。Butnariu 和 Kroupa[155] 于 2008 年研究了具有权重的 n 人合作博弈的 Shapley 值。Li 和 Zhang[98] 于 2009 年给出了具有模糊联盟的 n 人合作博弈的 Shapley 值的一般化表示形式, 并且证明了 Shapley 值的一般化表示在特定条件下与文献 [98] 中所定义的 Shapley 值是等价的。

1998 年, Van der Laan 等人[156] 提出了另一种有效分配价值 $v(N)$ 的方法, 即合作博弈中的分配函数。分配函数的一个优点是避免了 "有效性问题", 即它们避免了最终分配给玩家的价值是多少的问题。Van den Brink, Alvarez Mozos 等人 [157,158] 又进一步研究了分配函数, 表明分配函数在将其应用于具有联盟结构的博弈时具有额外的属性, 并研究了这类分配函数的性质。2016 年, Gong 和 Wang[159] 研究了收益为模糊数的分配函数表示定理, 定义了模糊 Shapley 分配函数及模糊 Banzhaf 分配函数, 并给出实例进行具体说明。

到目前为止, 对收益为模糊数的模糊合作博弈中的分配函数进行研究的文献资料较少, 究其原因, 主要是模糊数空间的复杂性导致很难给出该空间上一些合理的运算关系。为了完善模糊合作博弈理论, 本章第 5.1 节给出了模糊数的一些运算性质, 并在第 5.2 节研究了基于图的收益为模糊数的模糊合作博弈的 Shapley 值, 在第 5.3 节研究了收益为模糊数的模糊合作博弈的分配函数, 第 5.4 节给出了收益为模糊数的模糊合作博弈的分配函数的 Shapley 值及 Banzhaf 值, 并给出具体算例。

5.1 模糊数空间的运算

本节主要回顾模糊数的一些基本概念、相关运算法则以及一些基本性质等。

将实数 $\mathbf{R}$ 上的一类特殊的模糊集称为模糊数, 它是表示模糊数据的一种非常有用的方法。

$\mathbf{R}$ 上的模糊子集是指映射 $u : \mathbf{R} \to [0, 1]$。对于如上定义的模糊集合 u 和任意 $r \in [0, 1]$, 我们定义:

u 的 $r-$ 水平截集 $u_r = \{x \in \mathbf{R} : u(x) \geqslant r\} = [\underline{u}(r), \overline{u}(r)]$, 其中 $\underline{u}(r)$、$\overline{u}(r)$ 分别称为 $r-$ 水平截集的左右端点;

u 的支撑集 $\mathrm{supp}u = \{x \in \mathbf{R} : u(x) > 0\}$;

支撑集 $\mathrm{supp}u$ 的闭集 $\overline{u_0 = \{x \in \mathbf{R} : u(x) > 0\}}$。

$\mathbf{R}$ 上的所有模糊集合构成的集类记为 E, 即 $E = \{u | u : \mathbf{R} \to [0, 1]\}$。显然, $\mathbf{R} \subset E$。

定义 5.1 已知 $E = \{\tilde{a} | \tilde{a} : \mathbf{R} \to [0, 1]\}$, 对任意的 $\tilde{a} \in E$, 若 $\tilde{a}$ 满足如下性质[3]:

(1) $\tilde{a}$ 是正规的, 即存在 $x_0 \in \mathbf{R}$, 使得 $\tilde{a}(x_0) = 1$;

(2) $\tilde{a}$ 是模糊凸的, 即对于任意的 $x, y \in \mathbf{R}, 0 \leqslant r \leqslant 1$, 有 $\tilde{a}(rx + (1 - r)y) \geqslant \min\{\tilde{a}(x), \tilde{a}(y)\}$;

(3) $\tilde{a}$ 是上半连续的, 即对于任意的 $x_k \in \mathbf{R}(k = 0, 1, 2, \cdots)$, $x_k \to x_0$ 有 $\tilde{a}(x_0) \geqslant \lim_{k \to \infty} \tilde{a}(x_k)$;

(4) $\tilde{a}_0 = \overline{\{x \in \mathbf{R} : u(x) > 0\}}$ 是 R 关于自然拓扑下的紧集。

则称 $\tilde{a}$ 为模糊数。

定理 5.1(函数表示定理) 设 $\tilde{a} \in E$, 其截集定义为 $\tilde{a}_\lambda = \{x \in \mathbf{R} | u_{\tilde{a}}(x) \geqslant \lambda\}$, $u_{\tilde{a}}(x) \in [0, 1]$。以 $\underline{a}(r), \overline{a}(r)$ 表示 $\tilde{a}(r)$ 的下、上端点, 则 $\underline{a}(r), \overline{a}(r)$ 均为 $[0, 1]$ 上的实值函数[160], 且满足:

(1) $\underline{a}(r)$ 单调非降左连续;

(2) $\overline{a}(r)$ 单调非增左连续;

(3) $\overline{a}(r) \geqslant \underline{a}(r)$;

(4) $\underline{\tilde{a}}(r)$, $\overline{\tilde{a}}(r)$ 在 $r = 0$ 处右连续。

反之, 对任意满足上述条件 (1)～(4) 的 $[0,1]$ 上的实值函数 $a(r)$, $b(r)$, 则存在唯一的模糊数 $\tilde{a} \in E$, 对每一个 $r \in [0,1]$ 均满足 $\tilde{a}_r = [a(r), b(r)]$。

模糊数的函数表示定理表明: 模糊数可以由两个函数来表示。

定义 5.2(三角模糊数)   若 $\tilde{a}$ 的隶属函数[161] 为:

$$u_{\tilde{a}}(x) = \begin{cases} \dfrac{x - a_1}{a_2 - a_1}, & \text{当 } x \in [a_1, a_2] \\ \dfrac{a_3 - x}{a_3 - a_2}, & \text{当 } x \in [a_2, a_3] \\ 0, & \text{其他} \end{cases}$$

则称 $\tilde{a} = (a_1, a_2, a_3)$ 为三角模糊数, 其中 $[a_1, a_3]$ 是支撑区间, 点 $(a_2, 1)$ 是峰值, 其参数形式为:

$$\underline{\tilde{a}}(r) = (a_2 - a_1)r + a_1$$
$$\overline{\tilde{a}}(r) = a_3 - (a_3 - a_2)r$$

令 $\tilde{a}, \tilde{b} \in E$, 且令 $*$ 为 $\mathbf{R}$ 上的二元运算。通过 Zadeh 的扩张原理[1], $*$ 运算可以扩展到模糊数, 方法如下:

$$u_{\tilde{a} * \tilde{b}}(z) = \sup_{x * y} \min\{u_{\tilde{a}}(x), u_{\tilde{b}}(x)\}, z \in \mathbf{R} \tag{5.1}$$

式中, $\tilde{a} * \tilde{b}$ 是一个模糊数, 其隶属函数为 $u_{\tilde{a} * \tilde{b}}$。

显然, 不容易直接计算式 (5.1), 但是, 模糊数 $\tilde{a} * \tilde{b}$ 的 $\lambda-$ 截集容易计算:

加法: $(\tilde{a} + \tilde{b})_\lambda = \tilde{a}_\lambda + \tilde{b}_\lambda = [\tilde{a}_\lambda^L + \tilde{b}_\lambda^L, \tilde{a}_\lambda^R + \tilde{b}_\lambda^R]$

减法: $(\tilde{a} - \tilde{b})_\lambda = \tilde{a}_\lambda - \tilde{b}_\lambda = [\tilde{a}_\lambda^L - \tilde{b}_\lambda^R, \tilde{a}_\lambda^R - \tilde{b}_\lambda^L]$

乘法: $(m\tilde{a})_\lambda = m\tilde{a}_\lambda = [m\tilde{a}_\lambda^L, m\tilde{a}_\lambda^R], \forall m \in \mathbf{R}, m > 0$

数乘: $(\tilde{a}\tilde{b})_\lambda = [min\{\tilde{a}_\lambda^L\tilde{b}_\lambda^L, \tilde{a}_\lambda^L\tilde{b}_\lambda^R, \tilde{a}_\lambda^R\tilde{b}_\lambda^L, \tilde{a}_\lambda^R\tilde{b}_\lambda^R\}, max\{\tilde{a}_\lambda^L\tilde{b}_\lambda^L, \tilde{a}_\lambda^L\tilde{b}_\lambda^R, \tilde{a}_\lambda^R\tilde{b}_\lambda^L, \tilde{a}_\lambda^R\tilde{b}_\lambda^R\}]$

定义 5.3   对于任意两个模糊数 $\tilde{a}, \tilde{b} \in E$, 有

(1) $\tilde{a} \geqslant \tilde{b}$ 当且仅当 $\forall \lambda \in (0,1]$, $\tilde{a}_\lambda^L \geqslant \tilde{b}_\lambda^L$ 且 $\tilde{a}_\lambda^R \geqslant \tilde{b}_\lambda^R$;

(2) $\tilde{a} = \tilde{b}$ 当且仅当 $\tilde{a} \geqslant \tilde{b}$ 且 $\tilde{b} \geqslant \tilde{a}$;

(3) $\tilde{a} \subseteq \tilde{b}$ 当且仅当 $\forall \lambda \in (0,1]$, $\tilde{a}_\lambda^L \geqslant \tilde{b}_\lambda^L$ 且 $\tilde{a}_\lambda^R \leqslant \tilde{b}_\lambda^R$。

注记 5.1   定义 5.3 中模糊数之间的序 "$\geqslant$" 已经在文献 [162] 中给出, 这是使用 Zadeh 扩张原理到模糊数的扩展, 例如 $\tilde{a} \geqslant \tilde{b}$ 当且仅当 $\forall \tilde{a}, \tilde{b} \in E$, $\max\{\tilde{a}, \tilde{b}\} = \tilde{a}$。

1967 年, Hukuhara[163] 给出的 $\tilde{R}^n$ 上非空紧凸集 $\tilde{a}$ 和 $\tilde{b}$ 之间的 $H-$ 差 $\tilde{c}$ 满足:

$$\tilde{a}_{-H}\tilde{b} = \tilde{c} \Longleftrightarrow \tilde{a} = \tilde{b} + \tilde{c}$$

这种差运算有非常好的性质, 即如果 $\tilde{a}$ 和 $\tilde{b}$ 的 $H-$ 差存在, 就一定有 $\tilde{a}_{-H}\tilde{a} = \{0\}$ 且 $(\tilde{a}+\tilde{b})_{-H}\tilde{b} = \tilde{a}$。1983 年, Puri 和 Ralescu[164] 将这种差运算应用到模糊数空间上, 给出了模糊数的 Hukuhara 差运算: 设 $u, v, w \in E^n$, 若 $u = w + v$, 则称 w 为 u 和 v 的 $H-$ 差, 记为 $w = u - v$。但是任意两个非空紧凸集 $\tilde{a}$ 和 $\tilde{b}$ 的 $H-$ 差不一定总是存在的。为了弥补非空紧凸集的 $H-$ 差运算的不足, 2009 年, Stefanini 和 Bede[165] 提出了如下形式的非空紧凸集的广义 $H-$ 差运算: 设 $\tilde{a}, \tilde{b}, \tilde{c} \in \mathcal{K}_c^n$, 若满足下列条件之一:

(1) $\tilde{a} = \tilde{b} + \tilde{c}$

(2) $\tilde{b} = \tilde{a} + (-1)\tilde{c}$

则称 $\tilde{c}$ 为 $\tilde{a}$ 和 $\tilde{b}$ 的广义 $H-$ 差, 记为 $\tilde{a}_{-gH}\tilde{b} = \tilde{c}$。显然, 非空紧凸集的广义 $H-$ 差运算是 $H-$ 差运算的一个推广。

定理 5.2 令 $\tilde{a}, \tilde{b} \in E$。$H-$ 差 $\tilde{c} = \tilde{a}_{-H}\tilde{b}$ 存在当且仅当

$$\tilde{a}_\lambda^L - \tilde{b}_\lambda^L \leqslant \tilde{a}_\beta^L - \tilde{b}_\beta^L \leqslant \tilde{a}_\beta^R - \tilde{b}_\beta^R \leqslant \tilde{a}_\lambda^R - \tilde{b}_\lambda^R, \ \forall \lambda, \beta \in (0,1], \ \beta > \lambda$$

引理 5.1 令 $\tilde{a}, \tilde{b} \in E$。如果 $a_{-H}b$ 存在, 那么 $\forall \lambda \in (0,1]$,

$$(\tilde{a}_{-H}\tilde{b})_\lambda = \tilde{a}_{\lambda-H}\tilde{b}_\lambda = [\tilde{a}_\lambda^L - \tilde{b}_\lambda^L, \tilde{a}_\lambda^R - \tilde{b}_\lambda^R]$$

引理 5.2 令 $\tilde{a}, \tilde{b}, \tilde{c}, \tilde{d} \in E$。如果 $\tilde{a}_{-H}\tilde{b}$ 及 $\tilde{c}_{-H}\tilde{d}$ 均存在, 那么

$$(\tilde{a}+\tilde{c})_{-H}(\tilde{b}+\tilde{d}) = (\tilde{a}_{-H}\tilde{b}) + (\tilde{c}_{-H}\tilde{d})$$

5.2 基于图的模糊合作博弈结构

本节将 Myerson 等人提出的合作博弈结构扩展到模糊环境, 可以在这个框架中讨论模糊合作博弈的合作结构, 并研究收益为模糊数的情况下模糊合作博弈的 Shapley 值。

定义 5.4 令 $N = \{v_1, v_2, \cdots, v_n\}$ 表示局中人的一个非空有限集合, N 上的图是不同成员的一组无序对, 我们将这些无序对称为连接[166]。我们将用 $v_n v_m$ 表示 v_n 和 v_m 之间的连接, 且有 $v_n v_m = v_m v_n$。令 g^N 表示集合 N 中所有连接的完全图:

$$g^N = \{v_n v_m | v_n \in N, v_m \in N, v_n \neq v_m\}$$

令 GR 表示 N 上所有图的集合, 则有:

$$GR = \{g | g \subseteq g^N\}$$

下面给出一些基本定义, 将合作博弈和图联系起来。

定义 5.5 设 $S \subseteq N$, $g \in g^N$, $v_n \in S$ 及 $v_m \in S$。如果 g 中存在一条从 v_n 到 v_m 的路且路 $v_n v_m$ 在联盟 S 中,那么称 v_n 和 v_m 在 g 中是连通的,称 S 为连通子集[166]。即如果满足下列条件之一:

(1) $v_n = v_m$;

(2) 如果存在 $k \geqslant 1$ 且存在一个序列 $(v_{n^0}, v_{n^1}, \cdots, v_{n^k})$ 满足 $v_{n^0} = v_n$, $v_{n^k} = v_m$, $v_{n^{i-1}} v_{n^i} \in g$ 且 $v_{n^i} \in S$,其中 $1 \leqslant i \leqslant k$。

则对于联盟 S, v_n 到 v_m 在图 g 中是连通的。

定义 5.6 设 $g \in GR$ 且 $S \subseteq N$,则在 S 中存在唯一的一个划分将在 g 中是连通的参与者分配在一起[166]。划分由 S/g 表示,即:

$$S/g = \{i | \text{对于联盟 } S, v_i \text{ 与 } v_j \text{ 在 } g \text{ 中是连通的 } |v_j \in S\}$$

如果参与者只能与在 g 中相互有连接的参与者进行合作,则可以将 S/g 解释为 S 会分解为小型的联盟集合。

例 5.1 如果 $N = \{v_1, v_2, v_3, v_4, v_5\}$ 且 $g = \{v_1 v_2, v_1 v_4, v_2 v_4, v_3 v_4\}$,那么 $\{v_1, v_2, v_3\} \setminus g = \{\{v_1, v_2\}, \{v_3\}\}$, $N \setminus g = \{\{v_1, v_2, v_3, v_4\}, \{v_5\}\}$,如图 5.1 所示。

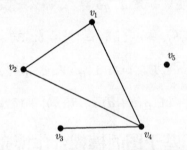

图 5.1　例 5.1 中模糊合作博弈的图结构

当谈到连通性而没有提及任何特定的联盟时,总是指在 N 中的连通性。给定一个合作图 g,连通分区 $N \setminus g$ 是与图 g 相关联的自然联盟结构。这表明,即使两个参与者之间没有直接的合作关系,但如果他们双方与同一个参与者达成了合作,或者他们以其他方式通过合作图进行了连接,则他们仍然可以有效地进行合作。

设 $\tilde{v}(S)$ 为模糊合作博弈中的特征函数, $\tilde{v}(S)$ 即为联盟 S 的可转移效用, $\tilde{v}(S)$ 需在 S 的联盟成员间进行分配。用 GR 表示合作博弈中所有可能的合作结构, $\tilde{v}(S)$ 可以用 E^n 中的收益分配向量来表示。

定义 5.7 基于合作结构分配准则为:

对于任意的函数 $Y : GR \to E^n$,且对 $\forall g \in GR, \forall S \in N \setminus g$,均满足

$$\sum_{n \in S} Y_n(g) = \tilde{v}(S)$$

式中, $Y : GR \to E^n$ 为从合作图到分配矢量的映射。

上述定义表明, 如果 S 是 g 的连通分量, 那么 S 的成员应该为自己分配他们的总财富 $\tilde{v}(S)$。这表明 $N \setminus g$ 是与合作图 g 相关的自然联盟结构。值得注意的是, 联盟 S 内的分配仍然取决于实际的合作图 g。

例 5.2 设合作图 $g_1 = \{v_1 v_2, v_1 v_3, v_1 v_4\}$, $g_2 = \{v_1 v_2, v_2 v_3, v_3 v_4\}$, 如图 5.2 所示。显然, 由于在 g_1 中 v_1 在与他人合作时位置更重要, 因此, 分配规则可能会给参与者 1 带来更高的回报。然而, 在合作图结构不同的情况下, 依据分配规则, 均有:

$$\sum_{n=1}^{4} Y_n(g_1) = \tilde{v}\{v_1, v_2, v_3, v_4\} = \sum_{n=1}^{4} Y_n(g_2)$$

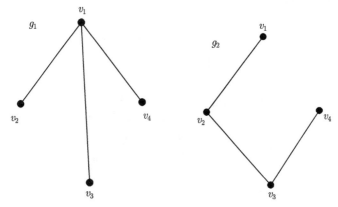

图 5.2 例 5.2 中模糊合作博弈的图结构

我们使用符号 "$\setminus$" 来表示从集合中删除某些参与者, 因此:

$$g \setminus v_n v_m = \{v_i v_j | v_i v_j \in g, v_i v_j \neq v_n v_m\}$$

定义 5.8 分配准则 $Y : GR \to E^n$ 是稳定的, 如果 $\forall g \in GR, \forall v_n v_m \in g$, 均有:

$$Y_{v_n}(g) \geqslant Y_{v_n}(g \setminus v_n v_m) \quad \text{且} \quad Y_{v_m}(g) \geqslant Y_{v_m}(g \setminus v_n v_m)$$

稳定的分配规则使得两个参与者总是能从达成的双边协议中获益。因此, 如果分配规则是稳定的, 那么所有参与者都希望与其他尽可能多的参与者相联系, 并且我们可以期望完全图 g^N 成为博弈的合作结构。

一般来说, 特征函数可以使合作博弈有很多稳定的分配规则。

例 5.3 令 $N = \{v_1, v_2\}$, $\tilde{v}(\{v_1\})(x) = \tilde{v}(\{v_2\})(x) = 0$ 且

$$\tilde{v}(\{v_1 v_2\})(x) = \begin{cases} 1, & \text{当 } x = 0 \\ 0, & \text{其他情况} \end{cases}$$

v 的一个分配规则必须满足: $Y_1(\varnothing) = 0$, $Y_2(\varnothing) = 0$, 且

$$(Y_1(v_1v_2) + Y_2(v_1v_2))(x) = \begin{cases} 1, & \text{当 } x = 0 \\ 0, & \text{其他情况} \end{cases}$$

其中 $\varnothing$ 表示空图, 没有边。稳定性要求 $Y_1(v_1v_2)(x) \geqslant 0$ 且 $Y_2(v_1v_2)(x) \geqslant 0$。

为了缩小所考虑的分配规则的范围, 我们可以寻求在某种意义上公平的分配规则。我们可以运用平等收益原则作为公平的分配规则: 两个参与者应该从他们的双边协议中获得平等收益。

定义 5.9 将分配准则 $Y : GR \to E^n$ 定义为公平的分配规则, 如果 $\forall g \in GR, \forall v_n v_m \in g$, 均有:

$$Y_{v_n}(g)(x) - Y_{v_n}(g \setminus v_n v_m)(x) = Y_{v_m}(g)(x) - Y_{v_m}(g \setminus v_n v_m)(x)$$

如例 5.3 中, 唯一公平的分配规则是

$$Y_1(v_1v_2)(x) = \begin{cases} 0.5, & \text{当 } x = 0 \\ 0, & \text{其他情况} \end{cases}$$

$$Y_2(v_1v_2)(x) = \begin{cases} 0.5, & \text{当 } x = 0 \\ 0, & \text{其他情况} \end{cases}$$

定义 5.10 模糊合作博弈 $\tilde{v}$ 的模糊 Shapley 值存在且仅存在唯一的模糊向量, 其中参与人 v_i 的模糊 Shapley 值为:

$$\varphi_{v_i}(\tilde{v}) = \sum_{S \in N/g \setminus \{v_i\}} \frac{s!(n-s-1)!}{n!} [\tilde{v}^L_\lambda(S/g \cup v_i) -_H \tilde{v}^R_\lambda(S)], v_i \in S/g$$

式中, s 表示联盟 S/g 中的参与人数。

命题 5.1 模糊合作博弈 $\tilde{v}$ 的模糊 Shapley 值满足如下性质:

(1) 对称性。对于参与人 $v_i, v_j \in N/g$, 如果对于任意联盟 $S \in N \setminus \{v_i v_j\}$, 均有 $\tilde{v}(S/g \cup \{v_i\}) = \tilde{v}(S/g \cup \{v_j\})$, 则有 $\varphi_{v_i} = \varphi_{v_j}$。

(2) 可加性。对于任意两个模糊合作博弈 $\tilde{v}_1$ 和 $\tilde{v}_2$, 定义模糊合作博弈 $\tilde{v}_1 + \tilde{v}_2$ 为任意的联盟 $S \in N/g$, 且 $(\tilde{v}_1 + \tilde{v}_2)(S) = \tilde{v}_1(S) + \tilde{v}_2(S)$, 则对任意 $v_i \in N/g$, 均有 $\varphi_{v_i}(\tilde{v}_1 + \tilde{v}_2) = \varphi_{v_i}(\tilde{v}_1) + \varphi_{v_i}(\tilde{v}_2)$。

但该模糊 Shapley 值一般不能满足以下性质[96]:

(1) 哑元性。如果对于任意的联盟 $S \in N/g$, $\tilde{v}(S/(g \cup \{v_i\})) = \tilde{v}(S/g)$, 则有 $\varphi_{v_i}(\tilde{v}) = 0$。

(2) 有效性。$v(N/g) = \sum_{v_i \in N/g} \varphi_{v_i}(\tilde{v})$。

由于上述的性质不一定完全满足, 因此无法从 Shapley 公理出发得出这里定义的模糊 Shapley 值。但这里定义的模糊 Shapley 值能够满足次有效性。

对上述基于图的模糊合作博弈, 其收益为模糊数 $\tilde{v}$, 非空联盟 S/g 的收益 $\tilde{v}(S/g)$ 的 $\lambda-$ 截集为 $\tilde{v}_\lambda(S/g)$, $\lambda \in [0,1]$。那么, $\tilde{v}_\lambda(S/g)$ 显然为一区间数, 它表明联盟 S/g 可能的收益可以用 $[\tilde{v}_\lambda^L(S/g), \tilde{v}_\lambda^R(S/g)]$ 表示。首先, 我们定义基于图的模糊合作博弈 $\tilde{v}$ 的 $\lambda-$ 博弈。

定义 5.11 对基于图的模糊合作博弈 $\tilde{v}$, 任一非空联盟 S/g 的收益为 $\tilde{v}(S/g)$ 且有 $\tilde{v}(\varnothing) = 0$。满足上述条件的 n 人合作博弈被称为基于图的模糊合作博弈 $\tilde{v}$ 的 $\lambda-$ 博弈, 记为 $\tilde{v}_\lambda(S/g)$, $\lambda \in (0,1]$。

由基于图结构的 $\lambda-$ 博弈 $[\tilde{v}_\lambda^L(S/g), \tilde{v}_\lambda^R(S/g)]$ 产生的一个经典的 n 人合作博弈被称作元博弈, 其中对任一非空联盟 S/g, 其收益 $\tilde{v}'(S/g) = \tilde{v}(S/g) \in [\tilde{v}_\lambda^L(S/g), \tilde{v}_\lambda^R(S/g)]$, 即 $\tilde{v}_\lambda^L(S/g) \leqslant \tilde{v}'(S/g) \leqslant \tilde{v}_\lambda^R(S/g)$。显然, 对一个基于图结构的 $\lambda-$ 博弈 $[\tilde{v}_\lambda^L(S/g), \tilde{v}_\lambda^R(S/g)]$, 非空联盟 S/g 存在无穷多个元博弈。

定义 5.12 若模糊合作博弈 v 的模糊 Shapley 值满足 $\forall g \in GR$, $\tilde{v}(N/g) \subseteq \sum\limits_{v_i \in N/g} \varphi_{v_i}(\tilde{v})$, 则称这个性质为次有效的。

定理 5.3 模糊合作 $\lambda-$ 博弈的 Shapley 值满足次有效性。

证明: 对 $\forall \lambda \in [0,1]$, 非空联盟 S/g 的收益为 $\tilde{v}(S/g)$, 其 $\lambda-$ 截集为 $[\tilde{v}_\lambda^L(S/g), \tilde{v}_\lambda^R(S/g)]$。

对区间 $[\tilde{v}_\lambda^L(S/g), \tilde{v}_\lambda^R(S/g)]$ 中的任一元素 $\tilde{v}(S/g)$, 对于元博弈 $\tilde{v}'(S/g)$, 有 $\tilde{v}'(S/g) = \tilde{v}(S/g)$, 且 $\tilde{v}'(S/g)$ 的 Shapley 值为 $\varphi(\tilde{v}')$。由于元博弈 $\tilde{v}'(S/g)$ 为经典的合作博弈, 其满足有效性, 即有 $\tilde{v}'(N/g) = \sum\limits_{v_i \in N/g} \varphi_{v_i}(\tilde{v}')$。

其次, 由定义 5.11, 对 $\forall v_i \in N$, 有 $\varphi_{v_i}(\tilde{v}') \in [\tilde{v}_\lambda^L(S/g), \tilde{v}_\lambda^R(S/g)]$, 则 $\sum\limits_{v_i \in N/g} \varphi_{v_i}(\tilde{v}') \in \sum\limits_{v_i \in N/g} [\tilde{v}_\lambda^L(S/g), \tilde{v}_\lambda^R(S/g)]$。因此, $\tilde{v}(N/g) \subseteq \sum\limits_{v_i \in N/g} \varphi_{v_i}(\tilde{v})$。

因此, 模糊合作博弈 $\tilde{v}$ 的模糊 Shapley 值为次有效的。

例 5.4 考虑一个由两个局中人组成的合作博弈, 其部分联盟收益值为三角模糊数, $\tilde{v}(\varnothing) = 0$。

$$\tilde{v}(v_1)(x) = \begin{cases} x-1, & \text{当 } 1 \leqslant x < 2 \\ 3-x, & \text{当 } 2 \leqslant x \leqslant 3 \end{cases}$$

$$\tilde{v}(v_2)(x) = 0$$

$$\tilde{v}(v_1 v_2)(x) = \begin{cases} x-1, & \text{当 } 1 \leqslant x < 2 \\ 3-x, & \text{当 } 2 \leqslant x \leqslant 3 \end{cases}$$

由定义 5.5 可以计算出局中人的模糊 Shapley 值分别为:

$$\varphi_{v_1}(x) = \begin{cases} x - 1, & \text{当 } 1 \leqslant x < 2 \\ 3 - x, & \text{当 } 2 \leqslant x \leqslant 3 \end{cases}$$

$$\varphi_{v_2}(x) = \begin{cases} x + 1, & \text{当 } -1 \leqslant x < 0 \\ 1 - x, & \text{当 } 0 \leqslant x \leqslant 1 \end{cases}$$

这里, 对局中人 v_2, 都有 $\tilde{v}((S/g) \cup v_2) = \tilde{v}(S)$, $S/g \subseteq \{v_1, v_2\}$; 但 $\tilde{v}(v_2) \neq 0$, 说明这里博弈的模糊 Shapley 值不满足哑元性。计算 $\varphi_{v_1}(x) + \varphi_{v_2}(x)$, 得:

$$\varphi_{v_1 v_2}(x) = \begin{cases} x/2, & \text{当 } 0 \leqslant x < 2 \\ (4 - x)/2, & \text{当 } 2 \leqslant x \leqslant 4 \end{cases}$$

显然, $\varphi_{v_1 v_2}(x) \subseteq \varphi_{v_1}(x) + \varphi_{v_2}(x)$, 且 $\varphi_{v_1 v_2}(x) \neq \varphi_{v_1}(x) + \varphi_{v_2}(x)$, 说明这个联盟收益值为模糊数的合作博弈的模糊 Shapley 值只满足次有效性, 不能满足有效性。

5.3　模糊合作博弈的分配函数

本节将 Van der Laan 等人提出的分配函数[156] 扩展到模糊环境, 考虑一类 n 人模糊分配函数。模糊分配函数的基本概念是它将大联盟的收益 $\tilde{v}(N)$ 分配给每个参与人, 例如, 博弈的类 $\mathcal{FC}$ 上的模糊分配函数 $\rho : \mathcal{FC} \to E^n$ 将总值 $\tilde{v}(N)$ 中的 $\rho_i(\tilde{v})$ 分配给参与人 i, 其中 $\mathcal{FC}$ 是 $\mathcal{FG}$ 的子集, 即 $\mathcal{FC} \subset \mathcal{FG}$。因此, 对任意博弈 $\tilde{v}$, 一个模糊分配函数 ρ 给参与人 $i, i = 1, 2, \cdots, n$ 的模糊支付为 $\rho_i(\tilde{v})\tilde{v}(N)$。注意到并不要求先验分享是非负的, 当然, 总收益等于 $\tilde{v}(N)$ 当且仅当 $\sum\limits_{i=1}^{n} \rho_i(\tilde{v}) = 1$。因此, 对于 $\mathcal{FC}$ 上的分配函数 ρ, 重新定义效率的公理如下。

公理 5.1　对于任意 $\tilde{v} \in \mathcal{FC}, \sum\limits_{i=1}^{n} \rho_i(\tilde{v}) = 1$。

首先, 令 $\tilde{\mu} : \mathcal{FC} \to E$ 为博弈类 $\mathcal{FC}$ 的模糊值函数, 那么, 有如下定义。

定义 5.13　(1) 模糊博弈类 $\mathcal{FC}$ 的一个模糊值函数 $\tilde{\mu} : \mathcal{FC} \to E$ 叫做可加的, 如果对 $\mathcal{FC}$ 上的任意一对 $\tilde{\omega}, \tilde{v}$ 满足 $\tilde{\omega} + \tilde{v} \in \mathcal{FC}$, 且有:

$$\tilde{\mu}_\lambda^L(\tilde{\omega} + \tilde{v}) = \tilde{\mu}_\lambda^L(\tilde{\omega}) + \tilde{\mu}_\lambda^L(\tilde{v})$$
$$\tilde{\mu}_\lambda^R(\tilde{\omega} + \tilde{v}) = \tilde{\mu}_\lambda^R(\tilde{\omega}) + \tilde{\mu}_\lambda^R(\tilde{v})$$

(2) 模糊博弈类 $\mathcal{FC}$ 的一个模糊值函数 $\tilde{\mu} : \mathcal{FC} \to E$ 叫做线性的, 如果它是可加的且如果对任意 $\mathcal{FC}$ 上的 $\tilde{v}$, 均有 $\tilde{\mu}(\alpha\tilde{v}) = \alpha\tilde{\mu}(\tilde{v})$。

(3) 模糊博弈类 $\mathcal{FC}$ 的一个模糊值函数 $\tilde{\mu} : \mathcal{FC} \to E$ 被叫做正的, 如果对所有 $\tilde{v} \in \mathcal{FC}$ 均有 $\tilde{\mu}(\tilde{v}) > 0$。

例如, 由 $\tilde{\mu}(\tilde{v}) = \sum_{T \subset N} \tilde{v}(T)$ 定义的函数 $\tilde{\mu}$ 是可加的。对于给定的函数 $\tilde{\mu}$, 把可加性和线性的公理推广到模糊博弈类 $\mathcal{FC}$ 的分配函数 ρ 上, 从而得到概念 $\tilde{\mu}-$ 可加及 $\tilde{\mu}-$ 线性。

公理 5.2 $(\tilde{\mu}-$ 可加) 假设 $\tilde{\mu} : \mathcal{FC} \to E$, 那么对于模糊博弈类 $\mathcal{FC}$ 下任何一对 $\tilde{\omega}$ 和 $\tilde{v}$, 若满足 $\tilde{\omega} + \tilde{v} \in \mathcal{FC}$, 则有 $\tilde{\mu}_\lambda(\tilde{\omega} + \tilde{v})\rho_\lambda(\tilde{\omega} + \tilde{v}) = [\tilde{\mu}(\tilde{\omega})\rho(\tilde{\omega})]_\lambda + [\tilde{\mu}(\tilde{v})\rho(\tilde{v})]_\lambda$。

公理 5.3 $(\tilde{\mu}-$ 线性) 假设 $\tilde{\mu} : \mathcal{FC} \to E$, 那么对于模糊博弈类 $\mathcal{FC}$ 下任何一对 $\tilde{\omega}$ 和 $\tilde{v}$, 若对意实数 a 和 b 满足 $a\tilde{\omega} + b\tilde{v} \in \mathcal{FC}$, 则有 $\tilde{\mu}_\lambda(a\tilde{\omega} + b\tilde{v})\rho_\lambda(a\tilde{\omega} + b\tilde{v}) = a[\tilde{\mu}(\tilde{\omega})\rho(\tilde{\omega})]_\lambda + b[\tilde{\mu}(\tilde{v})\rho(\tilde{v})]_\lambda$。

定义 5.14 令 $I : E \to \mathbf{R}$, 则 [167]

$$I(m) = \frac{\int_0^1 x m(x) \mathrm{d}x}{\int_0^1 m(x) \mathrm{d}x}$$

$I(m)$ 表示 m 的重心。

如果 $m = (a_1, a_2, a_3)$ 是一个三角模糊数, m 的重心则被定义为

$$I_t(m) = \frac{\int_0^1 x m(x) \mathrm{d}x}{\int_0^1 m(x) \mathrm{d}x} = \frac{a_1 + a_2 + a_3}{3}$$

由于重心可以近似地表示模糊数的值, 因此使用重心 $I(\tilde{v})$ 来表示 $\tilde{v}(N)$ 的值。

现在定义一类模糊分配函数。令 $\mathcal{FG}$ 为所有博弈子类的集合且满足对任意子类 $\mathcal{FC} \in \mathcal{FG}$, 均有 $\alpha u_T \in \mathcal{FC}$, 其中 $T \subset N$ 且任意实数 $\alpha > 0$, 例如, $\mathcal{FG}$ 是包含所有正的一致博弈的所有子类的集合。众所周知, 每一个 $\tilde{v} \in \mathcal{FG}$ 都能够被表达成 $\tilde{v}(S) = \sum_{T \subset P(N) : T \neq \varnothing} u_T(S) c_T(\tilde{v})$ (见文献 [168])。所以, 任何博弈 $\tilde{v} \in \mathcal{FG}$ 可以用 $c_T(\tilde{v})$ 的缩放一致的博弈总和 $c_T(\tilde{v})$ 作为 u_T 的大小, 其中 $T \subset N$。

由文献 [168] 可以知道

$$\tilde{v}(S) = \sum_{T \in P(N) : T \neq \varnothing} u_T(S) \tilde{c}_T(\tilde{v})$$
$$= \sum_{\substack{T \in P(N) : T \neq \varnothing \\ \tilde{c}_T(\tilde{v}) \geqslant 0}} u_T(S) \tilde{c}_T(\tilde{v}) - \sum_{\substack{T \in P(N) : T \neq \varnothing \\ \tilde{c}_T(\tilde{v}) < 0}} u_T(S)(-\tilde{c}_T(\tilde{v}))$$

其中

$$\tilde{c}_T(\tilde{v}) = sup\{\lambda \in [0,1] | x \in \bar{c}_T^\lambda(\tilde{v})\}$$

$$\vec{c}_T^\lambda(\tilde{v}) = [c_T(\tilde{v}_\lambda^L), c_T(\tilde{v}_\lambda^R)]$$

$$c_T(\tilde{v}_\lambda^L) = \sum_{T \subset N} (-1)^{(|T|-|S|)} \tilde{v}_\lambda^L(S)$$

$$c_T(\tilde{v}_\lambda^R) = \sum_{T \subset N} (-1)^{(|T|-|S|)} \tilde{v}_\lambda^R(S)$$

特别地, 对任意 $S \in P(N)$, 令

$$[\tilde{v}_0^L(S), \tilde{v}_0^R(S)] = cl\{x \in \mathbf{R} | \tilde{v}(S)(x) > 0\}$$

其中 cl 表示集合的闭包, 且令

$$c_T(\tilde{v}_0^L) = \sum_{T \subset N} (-1)^{(|T|-|S|)} \tilde{v}_0^L(S)$$

$$c_T(\tilde{v}_0^R) = \sum_{T \subset N} (-1)^{(|T|-|S|)} \tilde{v}_0^R(S)$$

其中 $T \in P(N) \setminus \varnothing$。

命题 5.2　令 $v \in G_H(I)$ 满足以下 3 个条件[168]:

(1) $c_T(v_\lambda^R) \geqslant c_T(v_\lambda^L), \forall \lambda \in (0,1], \forall T \in P(N)$;

(2) $c_T(v_0^R) \leqslant 0$ or $c_T(v_0^L) \geqslant 0, \forall T \in P(N)$;

(3) $[c_T(v_\beta^L), c_T(v_\beta^R)] \subseteq [c_T(v_\lambda^L), c_T(v_\lambda^R)], \forall T \in P(N), \forall \lambda, \beta \in (0,1], \lambda < \beta$.

那么 Hukuhara-Shapley 函数是博弈 v 的唯一的 Shapley 值。

定理 5.4　对于博弈的一些子类 $\mathcal{FC} \in \mathcal{FG}$, 令 $\tilde{\mu}: \mathcal{FC} \to E$ 为 $\mathcal{FC}$ 上的一个正的模糊值函数。当且仅当 $\tilde{\mu}$ 是可加的, 则在子类 $\mathcal{FC}$ 上, 存在唯一一个模糊分配函数 $\rho: \mathcal{FC} \to E^n$ 满足有效性、虚拟人性质、对称性以及 $\tilde{\mu}-$ 可加性。

证明: 首先, 假设 ρ 满足有效性及 $\tilde{\mu}-$ 可加性。从 $\tilde{\mu}-$ 可加性, 有

$$\tilde{\mu}_\lambda(\tilde{\omega} + \tilde{v}) \sum_{i=1}^n \rho_i(\tilde{\omega} + \tilde{v})$$

$$= \tilde{\mu}_\lambda(\tilde{\omega} + \tilde{v})[(\rho_1(\tilde{\omega} + \tilde{v}))_\lambda + \cdots + (\rho_n(\tilde{\omega} + \tilde{v}))_\lambda]$$

$$= \tilde{\mu}_\lambda(\tilde{\omega} + \tilde{v})[\rho_1(\tilde{\omega} + \tilde{v})]_\lambda + \cdots + \tilde{\mu}_\lambda(\tilde{\omega} + \tilde{v})[\rho_n(\tilde{\omega} + \tilde{v})]_\lambda$$

$$= [\tilde{\mu}_\lambda(\tilde{\omega})(\rho_1(\tilde{\omega}))_\lambda + \tilde{\mu}_\lambda(\tilde{v})(\rho_1(\tilde{v}))_\lambda] + \cdots + [\tilde{\mu}_\lambda(\tilde{\omega})(\rho_n(\tilde{\omega}))_\lambda + \tilde{\mu}_\lambda(\tilde{v})(\rho_n(\tilde{v}))_\lambda]$$

$$= \tilde{\mu}_\lambda(\tilde{\omega})[(\rho_1(\tilde{\omega}))_\lambda + \cdots + (\rho_n(\tilde{\omega}))_\lambda] + \tilde{\mu}_\lambda(\tilde{v})[(\rho_1(\tilde{v}))_\lambda + \cdots + (\rho_n(\tilde{v}))_\lambda]$$

$$= \tilde{\mu}_\lambda(\tilde{\omega}) \sum_{i=1}^n \rho_i(\tilde{\omega}) + \tilde{\mu}_\lambda(\tilde{v}) \sum_{i=1}^n \rho_i(\tilde{v})$$

且对任意 $\tilde{\omega}, \tilde{v} \in \mathcal{FC}$ 满足 $\tilde{\omega} + \tilde{v} \in \mathcal{FC}$。有效性意味着 $\tilde{\mu}(\tilde{\omega} + \tilde{v}) = \tilde{\mu}(\tilde{\omega}) + \tilde{\mu}(\tilde{v})$, 因此, $\tilde{\mu}$ 是可加的。

其次, 假设 $\tilde{\mu}$ 是可加的. 将证明最多只有一个分配函数 $\rho : \mathcal{FC} \to E^n$ 满足上述 4 条公理. 令 $\rho : \mathcal{FC} \to E^n$ 为一个函数且满足公理. 任何正值博弈都属于子类 $\mathcal{FC}$. 对一个一致博弈 u_T, 可以知道如果两个参与人同时在 T 中, 则 i 与 j 是对称的, 而若一名参与人不在 T 中则他是一个虚拟人. 因此, 从对称性, 虚拟人性质, 有效性公理, 对任何正值一致博弈 αu_T, $\alpha > 0$, 均有

$$\rho_i(\alpha u_T) = \frac{1}{|T|}, \quad \text{当 } i \in T \tag{5.2}$$

$$\rho_i(\alpha u_T) = 0, \qquad \text{当 } i \notin T \tag{5.3}$$

现在, 对于博弈 $\tilde{v}$ 的分配 $\tilde{c}_T(\tilde{v})$, 可以将 $\tilde{c}_T(\tilde{v})$ 作为正值一致博弈的两个和的差值.

$$
\begin{aligned}
&\tilde{v}(S) \\
&= \sum_{T \in P(N) : T \neq \varnothing} u_T(S) \tilde{c}_T(\tilde{v}) \\
&= \sum_{\substack{T \in P(N) : T \neq \varnothing \\ \tilde{c}_T(\tilde{v}) \geqslant 0}} u_T(S) \tilde{c}_T(\tilde{v}) - \sum_{\substack{T \in P(N) : T \neq \varnothing \\ \tilde{c}_T(\tilde{v}) < 0}} u_T(S)(-\tilde{c}_T(\tilde{v}))
\end{aligned}
$$

因为 $\tilde{v}$ 是 $\mathcal{FC}$ 上正的模糊值函数, 且 $\mathcal{FC}$ 包含 $\tilde{v}$ 及所有的正值一致博弈, 它通过反复应用 $\tilde{u}-$ 可加性这个公理, $\rho(\tilde{v})$ 可以唯一的被定义为

$$
\begin{aligned}
&\tilde{\mu}(\tilde{v}) \rho(\tilde{v}) \\
&= \sum_{\tilde{c}_T(\tilde{v}) \geqslant 0} \tilde{\mu}(\tilde{c}_T(\tilde{v}) u_T) \rho(\tilde{c}_T(\tilde{v}) u_T) - \sum_{\tilde{c}_T(\tilde{v}) < 0} \tilde{\mu}(-\tilde{c}_T(\tilde{v}) u_T) \rho(-\tilde{c}_T(\tilde{v}) u_T)
\end{aligned} \tag{5.4}
$$

现在仅需证 ρ 满足公理.

由于 $\tilde{\mu}$ 的可加性, 有

$$\tilde{\mu}(\tilde{v}) = \sum_{\tilde{c}_T(\tilde{v}) \geqslant 0} \tilde{\mu}(\tilde{c}_T(\tilde{v}) u_T) - \sum_{\tilde{c}_T(\tilde{v}) < 0} \tilde{\mu}(-\tilde{c}_T(\tilde{v}) u_T) \tag{5.5}$$

因此, 首先, 由式 (5.2) ~ 式 (5.5), 有 $\sum_{j=1}^{n} \rho_j(\tilde{v}) = 1$. 这就证明了有效性公理. 其次, 注意到 $\tilde{v}$ 中的虚拟人在任何非零收益 $\tilde{c}_T(\tilde{v})$ 的博弈 u_T 中均为虚拟人. 因此, 由式 (5.2) 和式 (5.4) 以及 $\tilde{v}$ 的正值性质, 有 ρ 满足虚拟人性质. 再次, 如果 i 和 j 为 $\tilde{v}$ 中的两个对称的参与人, 那么 $\tilde{c}_T(\tilde{v})_i = \tilde{c}_T(\tilde{v})_j$, 然而对于 $T \subset N$, $\tilde{c}_T(\tilde{v})$, 参与人 i 和 j 要么同时在 T 中, 要么都不在 T 中. 因此, 由式 (5.2) ~ 式 (5.4), 以及 $\tilde{\mu}$ 的正值性, 有 ρ 满足对称性. 最后, 对于任意两个博弈 $\tilde{v}, \tilde{\omega} \in \mathcal{FC}$, 我们有

$\tilde{v} + \tilde{\omega} = \sum\limits_{T \subset N} (\tilde{c}_T(\tilde{v}) + \tilde{c}_T(\tilde{\omega})) u_T$。由式 (5.4) 和 $\tilde{u}$ 的可加性表明，$\tilde{\mu}(\tilde{v} + \tilde{\omega}) \rho(\tilde{v} + \tilde{\omega}) = \tilde{\mu}(\tilde{v}) \rho(\tilde{v}) + \tilde{\mu}(\tilde{\omega}) \rho(\tilde{\omega})$，因此 ρ 是 $\tilde{\mu}-$ 可加的。

定理 5.5　对于给定的数 ω_t，$t = 1, \cdots, n$，令函数 $\tilde{\mu}^{\omega}$ 定义为

$$
\begin{aligned}
\tilde{\mu}^{\omega}(\tilde{v}) &= \sum_{i \in N} \sum_{\{T | i \in T\}} \omega_t m_T^i \\
&= \sum_{i \in N} \sum_{\{T | i \in T\}} \omega_t [\tilde{v}(T \cup i) -_H \tilde{v}(T)] \\
&= I(\tilde{v})
\end{aligned}
$$

其中 $t = |T|$。那么，分配函数 ρ^{ω} 定义为

$$
\begin{aligned}
\rho_i^{\omega}(\tilde{v}) &= \frac{\sum\limits_{\{T | i \in T\}} \omega_t m_T^i}{I(\tilde{v})} \\
&= \frac{\sum\limits_{\{T | i \in T\}} \omega_t [\tilde{v}(T \cup i) -_H \tilde{v}(T)]}{I(\tilde{v})}, \ i \in N
\end{aligned} \tag{5.6}
$$

式 (5.6) 是 $\mathcal{FG}$ 的子类 $\mathcal{FC}$ 中唯一满足有效性、虚拟人性质、对称性、$\tilde{\mu}^{\omega}-$ 可加性的分配函数，其中 $\tilde{\mu}^{\omega}$ 是正的。

证明： 由 $\tilde{\mu}^{\omega}$ 的定义可知，所有正的一致博弈 αu_T 是 $\tilde{\mu}^{\omega}$ 正的，因此，$\mathcal{FC} \in \mathcal{FG}$。其次，$\tilde{\mu}^{\omega}$ 是可加的。因此，由定理 5.4 可知，$\tilde{\mu}^{\omega}-$ 正值博弈的类 $\mathcal{FC}$ 上存在唯一一个分配函数关于 $\tilde{\mu}^{\omega}$ 满足上述 4 条公理。

下面证明 ρ^{ω} 满足 4 条公理。

首先，由定义我们有 ρ^{ω} 满足有效性公理。

其次，如果 i 为一个虚拟人，因为 $m_T^i(\tilde{v}) = 0$ 对所有 $T \subset N$ 成立，因此虚拟人性质也是满足的。

再次，如果 i 和 j 是对称的，且如果对 $T \subset N$ 且 T 同时包含 i 和 j，则 $m_T^i(\tilde{v}) = m_T^j(\tilde{v})$，如果对 $T \subset N$ 且 $i, j \notin T$，则 $m_{T \cup \{i\}}^i(\tilde{v}) = m_{T \cup \{j\}}^j(\tilde{v})$，如果 $i \in T$ 且 $j \notin T$，则 $m_T^i(\tilde{v}) = m_{T \cup \{j\} \setminus \{i\}}^j(\tilde{v})$。因此，权重 ω_t 仅依赖于 t，这表明对称性公理成立。

最后，注意到

$$
\tilde{\mu}^{\omega}(\tilde{v}) \rho_i^{\omega}(\tilde{v}) = \sum_{\{T | i \in T\}} \omega_t m_T^i(\tilde{v}), i = 1, \cdots, n
$$

因此, 对所有的 i 和 T 有

$$m_T^i(a\tilde{v} + b\tilde{\omega}) = am_T^i(\tilde{v}) + bm_T^i(\tilde{\omega})$$

其中 ρ^ω 是 $\tilde{\mu}^\omega-$ 线性的且是 $\tilde{\mu}^\omega-$ 可加的。

利用文献 [168] 中的方法, 可以得到如下定理 5.6。

定理 5.6　令 $S \in P(N)$ 和 $i \in S$, 那么有[168]

$$[\rho(\tilde{v})(S)]_\lambda = \rho(\tilde{v})_\lambda(S), \forall \lambda \in (0, 1]$$

式中, 函数是由式 (5.6) 定义的。

5.4　模糊 Shapley 分配函数及模糊 Banzhaf 分配函数

本节将给出模糊 Shapley 分配函数及模糊 Banzhaf 分配函数, 然后给出一个实例。

定义 5.15　Shapley 值, 分配给任意博弈 $(N, \tilde{v}) \in \mathcal{FG}$ 一个 E^n 中的矢量[168], 定义为

$$\phi_i^S(\tilde{v}) = \sum_{S \subseteq N\backslash i} \frac{s!(n-s-1)!}{n!}[\tilde{v}(S \cup i) -_H \tilde{v}(S)], \ i \in N \tag{5.7}$$

定义 5.16　Banzhaf 值, 分配给任意博弈 $(N, \tilde{v}) \in \mathcal{FG}$ 一个 E^n 中的矢量, 定义为

$$\phi_i^B(\tilde{v}) = \sum_{S \subseteq N\backslash\{i\}} \frac{1}{2^{n-1}}[\tilde{v}(S \cup i) -_H \tilde{v}(S)], \ i \in N \tag{5.8}$$

定义 5.17　(1) 对于博弈 $(N, v) \in \mathcal{G}$, Shapley 分配函数 ρ^S, 分配给任意博弈 $(N, v) \in \mathcal{G}$ 一个 R^n 中的矢量, 定义为

$$\rho_i^S(N, v) = \frac{\phi_i^S(v)}{v(N)}, \ i \in N$$

如果 $v \neq v_0$ 及 $\rho_i^S(N, v) = \frac{1}{|N|}, \ i \in N$。

(2) 对于博弈 $(N, v) \in \mathcal{G}$, Banzhaf 分配函数 ρ^B, 分配给任意博弈 $(N, v) \in \mathcal{G}$ 一个 R^n 中的矢量, 定义为

$$\rho_i^B(N, v) = \frac{\phi_i^B(v)}{\sum_{j \in N} \phi_j^B(v)}, \ i \in N$$

如果 $v \neq v_0$ 及 $\rho_i^B(N, v) = \dfrac{1}{|N|}$, $i \in N$。

定义 5.18 对于博弈 $(N, \tilde{v}) \in \mathcal{FG}$, 模糊 Shapley 分配函数 ρ^S, 分配给任意博弈 $(N, \tilde{v}) \in \mathcal{FG}$ 一个 E^n 中的矢量, 定义为

$$\rho_i^S(N, \tilde{v}) = \frac{\tilde{\phi}_i^S(N, \tilde{v})}{I(\tilde{v})}, i \in N$$

如果 $\tilde{v} \neq \tilde{v}_0$ 及 $\rho_i^S(N, v) = \dfrac{1}{|N|}$, $i \in N$。

定义 5.19 对于博弈 $(N, \tilde{v}) \in \mathcal{FG}$, 模糊 Banzhaf 分配函数 ρ^B, 分配给任意博弈 $(N, \tilde{v}) \in \mathcal{FG}$ 一个 E^n 中的矢量, 定义为

$$\rho_i^B(N, \tilde{v}) = \frac{\tilde{\phi}_i^B(N, \tilde{v})}{I(\tilde{v})}, i \in N$$

如果 $\tilde{v} \neq \tilde{v}_0$ 及 $\rho_i^B(N, v) = \dfrac{1}{|N|}$, $i \in N$。

在定理 5.4 中, 受到函数 $\tilde{\mu}$ 的限制, $\mathcal{FC}$ 必须满足对所有的 $\tilde{v} \in \mathcal{FC}$, 都有 $\tilde{\mu}(\tilde{v}) > 0$。所以, 对 $\mathcal{FC}$ 的限制取决于 $\tilde{\mu}$ 的定义方式。例如, 如果 $\tilde{\mu}(\tilde{v}) = \tilde{v}(N)$, 我们必须排除 $\tilde{v}(N) \leqslant 0$ 的情况。在下文中, 令 $\mathcal{FG}_{\tilde{\mu}}$ 表示 $\tilde{\mu}-$ 正博弈类, 即

$$\mathcal{FG}_{\tilde{\mu}} = \{\tilde{v} \in \mathcal{FG} | \tilde{\mu}(\tilde{v}) > 0\}$$

对于正常数 $\alpha > 0$ 及一个函数 $\tilde{\mu}$, $\mathcal{FG}_{\tilde{\mu}} = \mathcal{FG}_{\alpha\tilde{\mu}}$ 成立。更进一步讲, 对于一个可加函数 $\tilde{\mu}$, 我们知道 $\mathcal{FG}_{\tilde{\mu}}$ 是可加的, 例如, 博弈 $\tilde{v} + \tilde{\omega}$ 是 $\tilde{\mu}-$ 可加的如果 $\tilde{v}$ 和 $\tilde{\omega}$ 都是 $\tilde{\mu}-$ 正的。

如定理 5.5 中所示, ρ^S 定义在类 $\mathcal{FG}_{\tilde{\mu}}$ 上且 $\tilde{\mu}(\tilde{v}) = \tilde{v}(N) > 0$。很显然, 此时的参与人 i 的 Shapley 值 $\tilde{\phi}^S(\tilde{v})$ 等于它的 Shapley 分配 $\rho_i^S(\tilde{v})$ 与大联盟的值 $\tilde{v}(N)$ 的乘积。

定理 5.7 令函数 $\tilde{\mu}^S$ 定义为 $\tilde{\mu}^S = \tilde{v}(N) = I(\tilde{v})$ 并且令 $\mathcal{FC} \subset \mathcal{FG}_{\tilde{\mu}^S}$ 是博弈 $\mathcal{FG}$ 的子类。则模糊 Shapley 分配函数 ρ^S 是类 $\mathcal{FC}$ 上唯一满足有效性、虚拟人性质、对称性、$\tilde{u}^S-$ 线性的分配函数。

证明: 对于 $T \subset N$ 且 $T = t$, 令 $\omega_t = \dfrac{t!(n-t-1)!}{n!}$。那么, 如定理 5.5 中给出的, 我们有

$$\tilde{\mu}^\omega = \sum_{i \in N} \sum_{\{T | i \in T\}} \omega_t m_T^i(\tilde{v}) = \tilde{v}(N) = \tilde{\mu}^S(\tilde{v}) = I(\tilde{v})$$

更进一步, 分配函数 ρ^ω 为

$$
\begin{aligned}
\rho_i^\omega(\tilde{v}) &= \frac{\sum\limits_{\{T|i\in T\}} \omega_t m_T^i(\tilde{v})}{I(\tilde{v})} \\
&= \frac{\sum\limits_{\{T|i\in T\}} \dfrac{t!(n-t-1)!}{n!} m_T^i(\tilde{v})}{I(\tilde{v})} \\
&= \frac{\phi_i^S(\tilde{v})}{I(\tilde{v})} \\
&= \rho_i^S(\tilde{v}), i \in N
\end{aligned}
$$

因为所有正的一致博弈属于 $\mathcal{FC}$ 且 $\tilde{\mu}^S$ 是线性的, 由定理 5.4 可得 $\rho^\omega = \rho^S$ 是 $\mathcal{FC}$ 上满足公理的唯一的分配函数.

注记 5.2 因为 $\mathcal{FG}_{\tilde{\mu}^S} \subset \mathcal{FG}$, 定理 5.7 在类 $\mathcal{FG}_{\tilde{\mu}^S}$ 上成立, 且 $\tilde{\mu}^S-$ 正博弈只要求大联盟的值是正的. 因此, ρ^S 是 $\tilde{\mu}^S-$ 正博弈的子集, 因此, 定理 5.7 在这一类博弈上也成立.

定理 5.8 令函数 $\tilde{\mu}^B$ 定义为 $\tilde{\mu}^B(\tilde{v}) = I(\tilde{v})$, 且令 $\mathcal{FC} \subset \mathcal{FG}_{\tilde{\mu}^B}$ 是博弈 $\mathcal{FG}$ 的一个子类. 则模糊 Banzhaf 分配函数是类 $\mathcal{FC}$ 上唯一满足有效性、虚拟人性质、对称性、$\tilde{\mu}^B-$ 线性的分配函数.

证明: 函数 $\tilde{\mu}^\omega$ 为

$$
\tilde{\mu}^\omega(\tilde{v}) = \sum_{i\in N} \sum_{\{T|i\in T\}} \omega_t m_T^i(\tilde{v}) = \tilde{\mu}^B(\tilde{v}) = I(\tilde{v})
$$

再者, 分配 ρ^ω 为

$$
\rho_i^\omega(\tilde{v}) = \frac{\sum\limits_{\{T|i\in T\}} \omega_t m_T^i(\tilde{v})}{I(\tilde{v})} = \frac{\sum\limits_{\{T|i\in T\}} \dfrac{1}{2^{n-1}} m_T^i(\tilde{v})}{I(\tilde{v})} \\
= \rho_i^B(\tilde{v}), \; i \in N
$$

因为所有的正比例一致博弈属于 $\mathcal{FC}$ 且 $\tilde{\mu}^B$ 是线性的, 由定理 5.4 可得 $\rho^\omega = \rho^B$ 是 $\mathcal{FC}$ 上满足公理的唯一的分配函数.

例 5.5 考虑一个联合生产模式, 其中三个决策者汇集三个资源来制造七个成品. 三名决策者分别为 $1, 2, 3$, 他们拥有三个不同的初始资源. 决策者 i 拥有 10 吨的资源 R_i, 可以生产 n_i 吨的产品 P_{ii}, $i = 1, 2, 3$. 现在, 决策者决定联合进行生产: 如果决策者 i 和 j 合作, 他们将生产 n_{ij} 吨的产品 P_{ij}, 如果三人合作, 则能够生产 n_{123} 吨的产品 P_{123}. 每个成品的有效产量见表 5.1.

三个决策者自然会尝试在项目初期评估合作项目的收入, 以决定项目是否能够实现。然而, 每件产品每吨的平均利润取决于产品市场价格、产品成本、消费者需求和商品供求关系等因素。因此, 每件产品的平均利润是一个由三角模糊数表示的近似值, 见表 5.1。

表 5.1   每个成品的有效产量和平均利润

产　品	产量/t	平均利润/千美元
P_{11}	8.0	(1.8,2.0,2.2)
P_{12}	18.0	(2.9,3.1,3.3)
P_{13}	17.5	(2.0,2.3,2.6)
P_{22}	9.0	(2.9,3.0,3.1)
P_{23}	18.0	(3.0,3.2,3.4)
P_{33}	10.0	(0.9,1.0,1.2)
P_{123}	28.0	(3.2,3.5,3.8)

现在, 我们可以对每个联盟的价值 (即每个联盟的模糊价值) 做一个近似的评估:

$$\tilde{v}(\{1\}) = 8.0 \cdot (1.8, 2.0, 2.2) = (14.4, 16.0, 17.6)$$

$$\tilde{v}(\{2\}) = 9.0 \cdot (2.9, 3.0, 3.1) = (26.1, 27.0, 27.9)$$

$$\tilde{v}(\{3\}) = 10.0 \cdot (0.9, 1.0, 1.2) = (9.0, 10.0, 12.0)$$

$$\tilde{v}(\{1, 2\}) = 18.0 \cdot (2.9, 3.1, 3.3) = (52.2, 55.8, 59.4)$$

$$\tilde{v}(\{1, 3\}) = 17.5 \cdot (2.0, 2.3, 2.6) = (35.0, 40.25, 45.5)$$

$$\tilde{v}(\{2, 3\}) = 18.0 \cdot (3.0, 3.2, 3.4) = (54.0, 57.6, 61.2)$$

$$\tilde{v}(\{1, 2, 3\}) = 28.0 \cdot (3.2, 3.5, 3.8) = (89.6, 98.0, 106.4)$$

(1) 模糊 Shapley 分配函数

可以使用式 (5.7) 中提出的 Hukuhara-Shapley 函数来估计每个决策者在清晰联盟 $T \subseteq \{1, 2, 3\}$ 中的份额。

例如, 在基础联盟 $\{1, 2, 3\}$ 中, 决策者 1 有利润份额 $\rho_1(\tilde{v})(\{1, 2, 3\})$,

$$\phi_1^S(\tilde{v})(\{1, 2, 3\})$$

$$= \frac{1}{3}\tilde{v}(\{1\}) + \frac{1}{6}[\tilde{v}(\{1, 2\}) -_H \tilde{v}(\{2\})] + \frac{1}{6}[\tilde{v}(\{1, 3\}) -_H \tilde{v}(\{3\})] +$$

$$\frac{1}{3}[\tilde{v}(\{1, 2, 3\}) -_H \tilde{v}(\{2, 3\})]$$

$$= \frac{1}{3}(14.4, 16.0, 17.6) + \frac{1}{6}(26.1, 28.8, 31.5) +$$

$$\frac{1}{6}(26.0, 30.25, 33.5) + \frac{1}{3}(35.6, 40.4, 45.2)$$

$$= (25.35, 28.64, 31.77)$$

$$\tilde{v}(N) = I(\tilde{v}) = \frac{89.6 + 98.0 + 106.4}{3} = 98$$

$$\rho_1^S(\tilde{v})(\{1,2,3\}) = \frac{\phi_1^S(\tilde{v})(\{1,2,3\})}{I(\tilde{v})} = \frac{(25.35, 28.64, 31.77)}{98}$$

$$= (0.2587, 0.2922, 0.3242)$$

使用类似的方法, 可以获得该博弈的模糊分配 Shapley 值, 见表 5.2。

表 5.2 例 5.5 中的模糊 Shapley 分配函数值

联　盟	决策者 1	决策者 2	决策者 3
{1}	(0.1469,0.1633,0.1796)	0	0
{2}	0	(0.2663,0.2755,0.2847)	0
{3}	0	0	(0.0918,0.1020,0.1224)
{1, 2}	(0.2066,0.2286,0.2505)	(0.3260,0.3408,0.3556)	0
{1, 3}	(0.2061,0.2360,0.2607)	0	(0.1510,0.1747,0.2036)
{2, 3}	0	(0.3628,0.3806,0.3934)	(0.1882,0.2071,0.2311)
{1, 2, 3}	(0.2587,0.2922,0.3242)	(0.4153,0.4369,0.4568)	(0.2403,0.2708,0.3047)

通过判断表 5.2 中的分配情况, 决策者可以判断合作项目是否可以实现。要做到这一点, 决策者可以通过改变参数 λ 来研究问题, λ 表示博弈中所涉及的模糊数的所有隶属函数的隶属程度, 其范围是从 0.0 到 1.0。例如, 考虑 $\lambda = 0.7$ 的情况。所有资源的预期价值是区间 $\tilde{v}_{0.7}(\{1,2,3\}) = [0.9743, 1.0257]$, 并可以分配给 3 名决策者。由式 (5.5), 我们估计每个决策者的 Shapley 函数值所在的区间, 例如:

$$\rho_i(\tilde{v}_{0.7})(\{1,2,3\}) = \rho_i(\tilde{v})(\{1,2,3\})_{0.7}, \ i = 1, 2, 3$$

因此,
$$\rho_1(\tilde{v}_{0.7})(\{1,2,3\}) = [0.2822, 0.3018]$$

$$\rho_2(\tilde{v}_{0.7})(\{1,2,3\}) = [0.4304, 0.4429]$$

$$\rho_3(\tilde{v}_{0.7})(\{1,2,3\}) = [0.2617, 0.2810]$$

换句话说, 期望值是区间 $[0.9743, 1.0257]$, 并分给 3 名决策者, 例如决策者 1 分得 $[0.2822, 0.3018]$, 决策者 2 分得 $[0.4304, 0.4429]$, 决策者 3 分得 $[0.2617, 0.2810]$。

(2) 模糊 Banzhaf 分配函数

由定义 5.16, 有

$$\phi_1^B(\tilde{v})(\{1,2,3\})$$

$$= \frac{1}{4}\tilde{v}(\{1\}) + \frac{1}{4}[\tilde{v}(\{1,2\}) -_H \tilde{v}(\{2\})] + \frac{1}{4}[\tilde{v}(\{1,3\}) -_H \tilde{v}(\{3\})] +$$

$$\frac{1}{4}[\tilde{v}(\{1,2,3\}) -_H \tilde{v}(\{2,3\})]$$

$$= \frac{1}{4}(14.4, 16.0, 17.6) + \frac{1}{4}(26.1, 28.8, 31.5) +$$

$$\frac{1}{4}(26.0, 30.25, 33.5) + \frac{1}{4}(35.6, 40.4, 45.2)$$

$$= (25.525, 28.8625, 31.95)$$

利用相同的方法, 我们可以得到

$$\phi_2^B(\tilde{v})(\{1, 2, 3\}) = (40.875, 43.0375, 44.95)$$

$$\phi_3^B(\tilde{v})(\{1, 2, 3\}) = (23.725, 26.7625, 30.05)$$

所以 $\tilde{\mu}^B(\tilde{v}) = (90.125, 98.6625, 106.95)$

$$\tilde{\mu}^B(\tilde{v}) = I(\tilde{v}) = \frac{90.125 + 98.6625 + 106.95}{3} = 98.5792$$

$$\rho_1^B(\tilde{v})(\{1, 2, 3\}) = \frac{\phi_1^B(\tilde{v})(\{1, 2, 3\})}{I(\tilde{v})} = \frac{(25.525, 28.8625, 31.95)}{98.5792}$$

$$= (0.2589, 0.2928, 0.3241)$$

使用类似的方法, 可以得到这个博弈的 Banzhaf 模糊分配值, 见表 5.3。

表 5.3　例 5.5 中的模糊 Banzhaf 分配函数值

联　盟	决策者 1	决策者 2	决策者 3
{1}	(0.1461,0.1623,0.1785)	0	0
{2}	0	(0.2648,0.2739,0.2830)	0
{3}	0	0	(0.0913,0.1014,0.1217)
{1, 2}	(0.2054,0.2272,0.2490)	(0.3241,0.3388,0.3535)	0
{1, 3}	(0.2049,0.2346,0.2592)	0	(0.1501,0.1737,0.2024)
{2, 3}	0	(0.3606,0.3784,0.3911)	(0.1872,0.2059,0.2298)
{1, 2, 3}	(0.2589,0.2928,0.3241)	(0.4146,0.4366,0.4560)	(0.2407,0.2715,0.3048)

　　同样考虑 $\lambda = 0.7$ 的情况。所有资源的预期价值是区间 $\tilde{v}_{0.7}(\{1, 2, 3\}) = [0.9749, 1.0261]$, 并分配给 3 名决策者。由式 (5.8) 可估计每个决策者 Banzhaf 函数值的区间, 例如,

$$\rho_i(\tilde{v}_{0.7})(\{1, 2, 3\}) = \rho_i(\tilde{v})(\{1, 2, 3\})_{0.7}, \ i = 1, 2, 3$$

因此,
$$\rho_1(\tilde{v}_{0.7})(\{1, 2, 3\}) = [0.2826, 0.3022]$$

$$\rho_2(\tilde{v}_{0.7})(\{1, 2, 3\}) = [0.4300, 0.4424]$$

$$\rho_3(\tilde{v}_{0.7})(\{1, 2, 3\}) = [0.2622, 0.2815]$$

　　换句话说, 期望值是区间 $[0.9749, 1.0261]$, 并分给 3 名决策者, 例如决策者 1 分得 $[0.2826, 0.3022]$, 决策者 2 分得 $[0.4300, 0.4424]$, 决策者 3 分得 $[0.2622, 0.2815]$, 并且它也满足有效性。

5.5 本章小结

博弈理论是研究决策问题最有效且应用最广泛的数学理论工具。而具有模糊联盟值的合作博弈因为符合客观实际, 因此, 对其进行研究是极其有必要的。本章主要讨论了:

(1) 带有约束图且收益值为模糊数的模糊合作博弈, 得到了模糊合作博弈 $\tilde{v}$ 的模糊 Shapley 值存在且仅存在唯一的模糊向量, 其中参与人 v_i 的模糊 Shapley 值为:

$$\varphi_{v_i}(\tilde{v}) = \sum_{S \in N/g \setminus \{v_i\}} \frac{s!(n-s-1)!}{n!} [\tilde{v}_\lambda^L(S/g \cup v_i) -_H \tilde{v}_\lambda^R(S)], v_i \in S/g$$

式中, s 表示联盟 S/g 中的参与人数。并证明了该模糊 Shapley 值满足对称性、可加性及次有效性。

(2) 本章讨论了收益值为模糊数的模糊合作博弈的分配函数。通过扩展 Van der Laan 等人[156] 关于分配函数的描述, 定义了模糊合作博弈中的分配函数:

$$\tilde{\rho}_i^\omega(\tilde{v}) = \frac{\sum_{\{T|i \in T\}} \omega_t m_T^i}{I(\tilde{v})} = \frac{\sum_{\{T|i \in T\}} \omega_t [\tilde{v}(T \cup i) -_H \tilde{v}(T)]}{I(\tilde{v})}$$

且证明了 $\tilde{\rho}_i^\omega(\tilde{v})$ 是 $\mathcal{FG}$ 的子类 $\mathcal{FC}$ 中唯一满足有效性、虚拟人性质、对称性、$\tilde{\mu}^\omega -$ 可加性的分配函数, 其中 $\tilde{\mu}^\omega$ 是正的。

(3) 本章给出了收益为模糊数的模糊合作博弈的 Shapley 分配函数及 Banzhaf 分配函数的定义。其中模糊 Shapley 分配函数 ρ^S, 分配给任意博弈 $(N, \tilde{v}) \in \mathcal{FG}$ 一个 E^n 中的矢量, 定义为

$$\rho_i^S(N, \tilde{v}) = \frac{\tilde{\phi}_i^S(N, \tilde{v})}{I(\tilde{v})}, i \in N$$

如果 $\tilde{v} \neq \tilde{v}_0$ 及 $\rho_i^S(N, \tilde{v}) = \frac{1}{|N|}$, $i \in N$。模糊 Banzhaf 分配函数 ρ^B, 分配给任意博弈 $(N, v) \in \mathcal{FG}$ 一个 E^n 中的矢量, 定义为

$$\rho_i^B(N, v) = \frac{\tilde{\phi}_i^B(N, v)}{I(\tilde{v})}, i \in N$$

如果 $\tilde{v} \neq \tilde{v}_0$ 及 $\rho_i^B(N, \tilde{v}) = \frac{1}{|N|}$, $i \in N$。通过一个实例对模糊 Shapley 分配函数 ρ^S 及模糊 Banzhaf 分配函数 ρ^B 进行了具体说明。

6 基于模糊超图模型的模糊社会网络中心度决策

对社会网络中重要行动者 (如明星) 的研究, 是社会网络分析中的一个重要研究方向, 这反映了社会网络中行动者之间在等级和优势方面的差异, 这是社会结构的重要属性。

中心度是关于行动者在社会网络中心性位置的测量, 反映了行动者在社会网络结构中的位置或优势差异, 是社会网络分析的一个最重要的和常用的概念工具。根据实际解决问题的需要, 中心度分为点中心度和总体中心度。点中心度侧重于局部的行动者, 它反映某结点的结点度或关系的集中程度, 即一个人在网络中的主导位置情况。结点度越大, 与之相关联的人越多, 该人越居于中心性位置。总体中心度侧重于整体网络, 它是指某结点在整个网络中与其他各结点的距离, 用各结点之间的最短距离来计量, 它反映各结点之间的密切程度。此外, 社会网络分析学者还定义了社会网络的中心势, 它不是指某些点的相对重要性, 而是指社会网络整体的紧密程度。

20 世纪 70 年代早期, Lorrain 和 White[169,170] 运用结构等价性的概念研究了社会网络中的位置与角色, 其目的是用代数方法对各种背景下的社会角色加以研究。文献 [171] 讨论了模糊社会网络中的结构等价性和正则等价性问题。2013 年, 廖丽平等人[173] 基于模糊图对模糊社会网络的模糊结点中心度、模糊紧密中心度、模糊间距中心度、模糊中心势进行了探讨。

本章主要基于模糊超图对模糊社会网络进行研究, 定义了基于模糊超图的模糊社会网络的模糊结点中心度、模糊紧密中心度、模糊间距中心度、模糊中心势, 并给出了实例。

6.1 基于模糊图的模糊社会网络定义及其性质

社会网络研究的前提是假设行动者之间的关系是确定的, 但实际的社会网络中, 行动者之间的关系往往是模糊的。为了克服传统社会网络的不足, 文献 [173] 基于模糊图定义了模糊社会网络的概念及性质。

6.1.1 模糊社会网络的定义

定义 6.1(社会网络) 社会网络是指一种关系结构 $S = (A, (R_i)_{i \in I})$, 其中 A 表示网络中的行动者集合, I 是指标集[172]。

对每个 $i \in I$, $R_i \subseteq A^{k_i}$ 表示 A 中的 k_i- 元关系, 其中 k_i 是正整数。如果 $k_i = 1$, 则 α_i 称为属性。在许多研究社会网络的文献中, 通常认为社会网络具有二元关系, 即将社会网络看作结构 $S = (A, R)$, 其中 A 表示网络中的行动者集合, R 表示 A 上的二元关系。二元关系的定义如下。

定义 6.2(二元关系) A 上的二元关系 R 表示为其特征函数 (邻接矩阵) μ_R: $A \times A \to \{0, 1\}$。

基于特征函数的不确定性, 模糊二元关系可定义为:

定义 6.3(模糊二元关系) A 上的二元模糊关系 R 表示为其特征函数 $\mu_{\tilde{R}}$: $A \times A \to [0, 1]$。

显然, 二元模糊关系是二元关系的推广。由于本书只考虑二元模糊关系, 因此这里称之为模糊关系, "二元关系" 仅指分明关系。

这里, 通过 $r_{ij} = \mu_{\tilde{R}}(a_i, a_j)$, 模糊关系可用矩阵表示 $\tilde{R} = (r_{ij})_{n \times n}$, 矩阵中的元素表示 a_i 和 a_j 关系的紧密程度。因此, 在社会网络中 $\mu_{\tilde{R}}(a_i, a_j)$ 可以表示为:

$$\mu_{\tilde{R}}(a_i, a_j) = \begin{cases} 1, & \text{当 } a_i \text{ 与 } a_j \text{ 的关系最密切} \\ r_{ij}, & \text{当 } a_i \text{ 在某种程度上与 } a_j \text{ 相关} \\ 0, & \text{当 } a_i \text{ 与 } a_j \text{ 无关} \end{cases}$$

具体来说, 给定一个论域 U, $\tilde{R}$ 是 U 上的模糊二元关系, 那么二元模糊关系通常由以下矩阵表示:

$$M_{\tilde{R}} = \begin{bmatrix} r_{11} & r_{12} & \cdots & r_{1n} \\ r_{21} & r_{22} & \cdots & r_{2n} \\ \vdots & \vdots & \ddots & \vdots \\ r_{n1} & r_{n2} & \cdots & r_{nn} \end{bmatrix} \tag{6.1}$$

式中, $r_{ij} \in [0, 1]$ 是 a_i 和 a_j 之间的相似程度。

在现实生活中, 社会网络中行动者之间的关系不能简单的用二元关系来表示, 行动者之间的关系应该是一种模糊关系。基于社会网络的模糊性, 研究社会网络的主要方法有社会网络分析法 (SNA) 和模糊社会网络分析法 (FSNA)。

定义 6.4(模糊社会网络) 模糊社会网络[172] 是指一种关系结构 $F = (A, \tilde{R})$, 其中 $\tilde{R}$ 是行动者集合 A 上的二元关系, 其中 $\tilde{R}$ 由隶属函数 $\mu_{\tilde{R}}: A \times A \to [0, 1]$ 刻画。

例 6.1　一个大学内两个网站之间 (网站 A 和网站 B) 的超链接是一种强关系, 然而不同学校的两个网站之间 (网站 A 和网站 C, 网站 B 和网站 C) 的超链接是一种弱关系。但是, 根据目前的方法, 所有三个网站之间的这些社交链接将被视为同等重要, 如图 6.1(a) 所示, 由于参与者 A 和 B 属于同一个群体, 因此它们应该形成更强的联系。因此, 两个参与者之间的关系不能简单地表示为二元关系, 因为这些关系本质上是模糊的。所以图 6.1(b) 的模糊二元关系是

$$M_{\tilde{R}} = \begin{bmatrix} 1 & 1 & 0.6 \\ 1 & 1 & 0.8 \\ 0.6 & 0.8 & 1 \end{bmatrix} \tag{6.2}$$

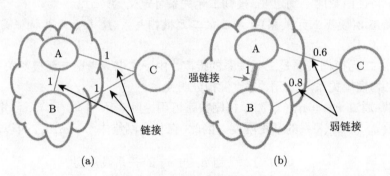

图 6.1　社会网络与模糊社会网络

(a) 社会网络; (b) 模糊社会网络

6.1.2　基于模糊图的模糊社会网络的定义

定义 6.5(无向模糊社会网络)　设有模糊关系结构[173] $\tilde{G} = (V, \tilde{E})$, 其中 $V = \{v_1, v_2, \cdots, v_n\}$ 是一个非空的行动者的集合,

$$\tilde{E} = \sum_{i=1}^{n} \sum_{j=1}^{n} \frac{\tilde{E}(e_{ij})}{e_{ij}}$$

是 V 上的模糊关系, 且

$$\frac{\tilde{E}(e_{ij})}{e_{ij}} = \frac{\tilde{E}(e_{ji})}{e_{ji}}$$

则称 $\tilde{G}$ 为无向模糊社会网络, 简称无向模糊网络[173]。

在无向模糊社会网络中, 如果 $\tilde{E} = \sum_{i=1}^{n} \sum_{j=1}^{n} \frac{\tilde{E}(e_{ij})}{e_{ij}}$ 是 V 上确定的 0—1 关系, 则称 $\tilde{G}$ 为一般的社会网络。

模糊社会网络主要具有以下几方面的关系特征:

(1) 自反性 (reflectivity)。通常一个模糊简单图不存在圈, 它是非自反的。而自反性指的是有圈图的情况, 在模糊社会网络中, 如果每个结点 (n_i, n_i) 均有圈, 并且 $d(n_i, n_i) = 1$, 则此模糊社会网络被称作是自反的。

(2) 对称性 (symmetry)。在模糊社会网络中, 如果对任意的 $i, j = 1, 2, \cdots, n$, 行动者 n_i 与 n_j 的关系 $d(n_i, n_j)$ 和行动者 n_j 与 n_i 的关系 $d(n_j, n_i)$ 相等, 则此模糊社会网络被称作是对称的。

(3) 传递性 (transitivity)。在模糊社会网络中, 如果行动者 n_i 与 n_k 有关系, 行动者 n_k 与 n_j 有关系, 则行动者 n_i 与 n_j 有关系, 行动者 n_i, n_k, n_j 间的关系被称作是可传递的。我们用连通强度来表示传递关系的大小。

中心度是关于行动者在社会网络中心性位置的测量, 反映了行动者在社会网络结构中的位置或优势差异, 是社会网络分析的一个最重要的和常用的概念工具。根据实际解决问题的需要, 中心度分为点中心度和总体中心度。点中心度侧重于局部的行动者, 它反映某结点的结点度或关系的集中程度, 即一个人在网络中的主导位置情况。结点度越大, 与之相关联的人越多, 该人越居于中心性位置。总体中心度侧重于整体网络, 它是指某结点在整个网络中与其他各结点的距离, 用各结点之间的最短距离来计量, 它反映各结点之间的密切程度。此外, 社会网络分析学者还定义了社会网络的中心势, 它不是指某些点的相对重要性, 而是指社会网络整体的紧密程度。

6.1.3 基于模糊图的模糊社会网络的性质

在模糊社会网络分析中, 反映行动者关系的常用概念主要有两个方面, 模糊距离和模糊关联性。模糊距离是了解整体网络结构状况的重要概念, 它反映的是行动者之间的间隔长度。模糊关联性又称模糊连通性, 它用模糊连通强度来度量, 反映的是行动者之间的关联关系。

以下是模糊社会网络分析的几个相关概念:

定义 6.6(通道) 通道是结点间的线交替组成的一条从起点到终点的连线。如图 6.2 所示, 某一条通道表示为:

$$W = x_1 e_1 x_2 e_4 x_5$$

定义 6.7(轨迹) 如果通道中的线条是不同的, 但结点可以相同, 则此通道被称作轨迹。如图 6.2 所示, 某一轨迹表示为:

$$T = x_4 e_4 x_2 e_3 x_3 e_5 x_4 e_6 x_5$$

定义 6.8(路径) 如果通道中的点线都是不同的, 则此通道被称作路径。如图 6.2 所示, 某一路径表示为:

$$P = x_1 e_1 x_2 e_3 x_3 e_5$$

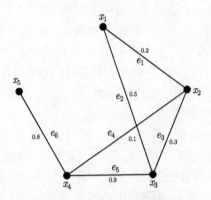

图 6.2   模糊社会网络图例

定义 6.9(闭合通道)   闭合通道也叫回路, 即起点和终点为同一结点的通道。如图 6.2 所示, 某一条闭合通道表示为:

$$W = x_2 e_3 x_3 e_5 x_4 e_4 x_2$$

定义 6.10(旅程)   对于一种闭合通道, 如果通过其中的每一线条至少一次, 则此闭合通道被称为旅程。如图 6.2 所示, 某一旅程表示为:

$$T = x_1 x_2 x_3 x_4 x_5 x_4 x_2 x_1$$

定义 6.11(环)   至少由三个结点组成的闭合通道称为环, 一个环中所有的线条都不相同, 而且除去起点和终点之外的所有结点也不相同, 如图 6.2 所示, 某一环表示为:

$$C = x_2 x_3 x_4 x_2$$

定义 6.12(模糊结点度)   一个点的模糊结点度是指与它相连的线条的隶属度的总和, 记为$d(x_i)$:

$$d(x_i) = \sum_{j=1}^{n} e_{ij}$$

定义 6.13(规模)   模糊社会网络中行动者的数量 n 称作模糊社会网络的规模。

规模是反映模糊社会网络结构的重要指标, 它的大小决定了行动者之间关系的复杂性。显然, 规模越大, 模糊社会网络中的成员数量越多, 其关系结构也更复杂。

定义 6.14(模糊密度) 模糊社会网络中某一节点实际存在关系的隶属度的总和与可能存在关系的隶属度的总和的比称作模糊密度。在模糊图中，某结点的模糊密度指实际存在的线条的隶属度的总和与可能线条的最大隶属度的总和的比例。由单个行动者组成的无向模糊社会网络中，密度的计算公式为：

$$\Delta = \frac{\sum d(e_i)}{N(N-1)/2}$$

6.1.4 基于模糊图的模糊社会网络的中心度决策

分析模糊社会网络的一个常用的且最重要的概念工具之一便是模糊结点中心度，它主要用来测量行动者在模糊社会网络的中心性位置，反映的是行动者在模糊社会网络结构中的优势或位置的差异。一般地，根据整体与局部的不同，中心度可以分为模糊总体中心度 (global fuzzy centrality) 和模糊地方中心度 (local fuzzy centrality)。前者反映的是在整个网络中某结点与其他各结点的距离，此距离用各结点之间的最短距离来计量，它所反映的是各结点之间的密切程度。后者又被称作局部点中心度，它主要反映某结点的关系的集中程度或结点度，或者说是一个人在网络中的主导位置情况。结点度越大，说明与之相关联的人越多，即表示该人越居于中心性位置。另外，研究社会网络分析的学者还对中心度与中心势这两个概念作了区分，中心势指的不是某些点的相对重要性，而是整体的紧密程度。

定义 6.15 节点中心度 $C_D(x_i)$ 为：

$$C_D(x_i) = d(x_i) = \sum_{j=1}^{n} x_{ij}$$

式中，C_D 表示中心度，x_i 表示模糊社会网络中的一个成员，$d(x_i)$ 为 x_i 的度，x_{ij} 表示与 x_i 相关联的点 x_j，其中 $i, j = 1, 2, \cdots, n$。

结点中心度是指结点在网络中所处位置的中心性程度，用该结点的结点度表示。某点的结点度用与该结点直接相连接的结点数来表示，即指与它直接相连的线的条数。结点中心度越大，行动者越居中心位置，与之直接连接的其他行动者也越多。

例 6.2 如图 6.2 所示，$d(x_1) = 0.7$, $d(x_2) = 0.6$, $d(x_3) = 1.7$, $d(x_4) = 1.8$, $d(x_5) = 0.8$。

另外一种表示中心度的方式是根据相对数计算的中心度，是指某点的结点度与连线总数之比。

定义 6.16 相对节点中心度 $C'_D(x_i)$ 为：

$$C'_D(x_i) = \frac{\sum_{j=1}^{n} x_{ij}}{N-1}$$

式中, C'_D 表示相对中心度, x_i 表示模糊社会网络中的一个成员, $d(x_i)$ 为 x_i 的度, x_{ij} 表示与 x_i 相关联的点 x_j, 其中 $i, j = 1, 2, \cdots, n$, N 指网络规模。

在以结点度数为基础对结点中心度进行测量时, 应注意以下两点:

(1) 这种测量依据的主要是直接关系, 没有考虑到间接关系。

(2) 对行动者结点中心度进行测量时, 没有涉及整个网络是否有独一无二的中心这个问题。

紧密中心度是依据网络中各结点之间的紧密性和距离而测量的中心度。所测量出的总距离越短, 说明网络的紧密中心度越高, 它可表明一个行动者跟其他行动者之间的密切程度。紧密中心度和结点中心度的最大不同就是它考虑了间接关系, 等同于总体中心度。

定义 6.17   紧密中心度 $C_C(x_i)$ 为:

$$C_C(x_i) = \frac{1}{\displaystyle\sum_{j=1}^{N} d(x_i, x_j)}$$

式中, C_C 表示紧密中心度, x_i 表示模糊社会网络中的一个成员, $d(x_i, x_j)$ 为网络成员 x_i 与 x_j 的几何距离, 其中 $i, j = 1, 2, \cdots, n$。

定义 6.18   相对紧密中心度 $C'_C(x_i)$ 为:

$$C'_C(x_i) = \frac{N-1}{\displaystyle\sum_{j=1}^{N} d(x_i, x_j)}$$

式中, C'_C 表示相对紧密中心度, x_i 表示模糊社会网络中的一个成员, $d(x_i, x_j)$ 为网络成员 x_i 与 x_j 的几何距离, 其中 $i, j = 1, 2, \cdots, n$, N 指网络规模。

间距中心度测量的是一个行动者在多大程度上控制其他行动者, 该类行动者具有沟通桥梁的作用。

如果一个点 Y 可能存在 X 和 Z 之间的多条短程线, 那么经过点 Y 并且连接 X 和 Z 这两点的短程线占两者之间总短程线的比例, 称为间距比例, 它测量的是 Y 在多大程度上位于点 X 和 Z 之间。

从概率上说, 若 g_{jk} 表示点 g 和 k 之间存在的短程线数目, 那么所有这些短程线被同等地选作各点沟通路径的概率为 $1 \setminus g_{jk}$。用 $g_{jk}(n_i)$ 表示包含行动者 n_i 的两个行动者之间的短程线数目, 于是行动者 n_i 的间距就是 $g_{jk}(n_i) \setminus g_{jk}$ 之和, 即:

定义 6.19   间距中心度 $C_B(x_i)$ 为:

$$C_B(x_i) = \sum_{j \neq k, i \neq j, k} g_{jk}(x_i)/g_{jk}$$

式中, C_B 表示间距中心度, x_i 表示模糊社会网络中的一个成员, g_{jk} 为网络成员 x_i 与 x_j 之间最短路径的数量, 其中 $i,j = 1, 2, \cdots, n$。

定义 6.20 相对间距中心度 $C'_B(x_i)$ 为:

$$C'_B(x_i) = \frac{\sum\limits_{j \neq k, i \neq j,k} g_{jk}(x_i)/g_{jk}}{(N-1) \cdot (N-2)}$$

式中, C'_B 表示间距中心度, x_i 表示模糊社会网络中的一个成员, g_{jk} 为网络成员 x_i 与 x_j 之间最短路径的数量, 其中 $i,j = 1, 2, \cdots, n$, N 指网络规模。

相对间距中心度的值在 0 到 1 之间, 若是 0 意味着该点不能控制任何其他行动者; 若是 1 则意味着该点可以完全控制其他行动者, 处于网络的中心位置。

6.2 模糊社会网络的结构中心度决策

6.2.1 模糊社会网络的模糊超图模型

社会网络分析现在已经形成了多种描述网络的方式, 而基于图论的图形表示由于是网络基本结构的最直观的表现形式而被广泛应用。在文献 [13] 中, 作者提出了基于直觉模糊社会图的直觉模糊社会关系网 (IFSRN) 模型。在文献 [174] 中, 针对二部图在描述在线社交网络用户节点间多维关系特征方面的局限性, 本节提出用超图数学理论构建超网络模型。基于上述工作, 可以使用模糊超图表示模糊社会网络。首先, 我们给出模糊 $m-$ 进制关系的定义。

定义 6.21 单个集合 A 上的模糊 $m-$ 进制关系 $\tilde{R}_m$ 是通过隶属函数 $\mu_{\tilde{R}_m}$: $A^m \to [0,1]$ 定义的 A^m 的模糊子集。

基于模糊社会网络的定义 6.1 以及模糊 $m-$ 进制关系的定义 6.21, 可以给出基于模糊超图模型的模糊社会网络的定义。

定义 6.22 基于模糊超图模型的模糊社会网络是一个结构 $\mathcal{F} = (A, \tilde{R}_m)$, 其中 $\tilde{R}_m$ 是一个 A 上的模糊 $m-$ 进制关系, 它由其隶属函数 $\mu_{\tilde{R}_m} : A^m \to [0,1]$ 所决定。

定义 6.22 也适用于模糊在线社交网络, 在线社会网络是一类帮助用户建立人与人之间的在线朋友关系, 从而使得人们可以在朋友间分享兴趣和活动的在线服务、平台或 Web 站点。随着在线社交网络中节点间信息传播量的增加, 在线社会网络分析 (OSNA) 已成为研究的热点之一。在线社会网络是一个复杂的网络, 其中节点表示网络中的参与者, 边表示参与者之间的关系, 在线社会网络中最重要的两类角色一类是内容 (如视频、图片、帖子等), 一类是用户。在模糊在线社交网络中, 并不是所有的论坛对用户都有相同的吸引力, 因此模糊在线社交网络 $\mathcal{F} = (A, \tilde{R}_m)$

可以用模糊超图 $\mathcal{H} = (X, \mathcal{E})$ 来表示, 其中 $X = \{x_1, x_2, \cdots, x_n\}$ 是表示论坛的顶点集, $\tilde{R}_m : X \to [0, 1]$ 表示对用户的吸引力程度, $\mathcal{E} = \{e_1, e_2, \cdots, e_m\}$ 是模糊超边集, 表示一个用户参与的论坛以及论坛对用户不同的吸引力程度, 这样便形成了在线社交网络的模糊超图模型。显然, 模糊超图模型也适用于模糊社会网络。例 6.3 给出了一个基于模糊超图模型构建模糊在线社交网络的例子。

　　例 6.3　模糊在线社交网络中, 顶点表示论坛, 模糊超边表示用户, 模糊超边的顶点数表示用户感兴趣的论坛数。给集合 A 赋予隶属度, 便形成模糊超边。例如, 假设有 6 个用户参与 6 个论坛, 我们使用模糊超图 $\mathcal{H} = (X, \mathcal{E})$ 来表示。设顶点集表示论坛, 则有 $X = \{x_1, x_2, \cdots, x_6\}$, 模糊超边集表示用户, 则有 $\mathcal{E} = \{e_1, e_2, \cdots, e_6\}$, 论坛对用户的吸引力不同, 对应的模糊超图如图 6.3 所示。因此模糊超图的关联矩阵如下:

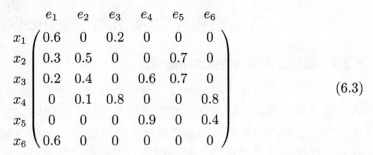

$$
\begin{array}{c}
\begin{array}{cccccc} e_1 & e_2 & e_3 & e_4 & e_5 & e_6 \end{array} \\
\begin{array}{c} x_1 \\ x_2 \\ x_3 \\ x_4 \\ x_5 \\ x_6 \end{array}
\left(
\begin{array}{cccccc}
0.6 & 0 & 0.2 & 0 & 0 & 0 \\
0.3 & 0.5 & 0 & 0 & 0.7 & 0 \\
0.2 & 0.4 & 0 & 0.6 & 0.7 & 0 \\
0 & 0.1 & 0.8 & 0 & 0 & 0.8 \\
0 & 0 & 0 & 0.9 & 0 & 0.4 \\
0.6 & 0 & 0 & 0 & 0 & 0
\end{array}
\right)
\end{array}
\tag{6.3}
$$

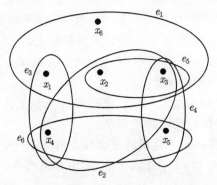

图 6.3　基于模糊超图的模糊在线社会网络

　　基于模糊超图的模糊在线社会网络表示了一个具有特定隶属度的集合, 反映了对象对其集合的不确定性程度。例 6.3 表明 6 个用户参与了 6 个论坛。然而, 论坛对用户的吸引程度实际上是不同的, 因为用户在访问论坛时, 会考虑很多因素, 如内容是否丰富、用户界面是否直观有效、管理是否规范等, 因此用模糊超图研究在线社交网络是有意义的。例 6.3 表明不同的论坛吸引不同的用户, 同一论坛对不同用户的吸引程度也不尽相同。具体地, 用户 1 对 4 个论坛感兴趣, 分别是论坛 1、2、3 和 6, 用户 1 对论坛 1 的兴趣度为 0.6, 对论坛 2 的兴趣度为 0.3, 对论坛 3 的兴趣度为 0.2, 对论坛 6 的兴趣度为 0.6。

另一个例子是模糊社交网络。

例 6.4　在模糊社会网络中, 以员工合作完成项目为例, 建立了如下模糊超图模型。节点表示项目, 超边表示员工, 其中 $e_1 = \{x_1, x_2, x_3\}$, $e_2 = \{x_5, x_6, x_7\}$, $e_3 = \{x_2, x_4, x_5\}$ 和 $e_4 = \{x_1, x_6\}$。同一节点关联多个超边, 表示多个员工合作完成同一项目, 但在项目完成过程中, 员工的贡献率不同, 对应的模糊超图如图 6.4 所示, 相应的模糊超图关联矩阵为:

$$
\begin{array}{c}
 \\
x_1 \\
x_2 \\
x_3 \\
x_4 \\
x_5 \\
x_6 \\
x_7
\end{array}
\begin{array}{cccc}
e_1 & e_2 & e_3 & e_4 \\
\left(\begin{array}{cccc}
0.6 & 0 & 0 & 0.7 \\
0.3 & 0 & 0.5 & 0 \\
0.1 & 0 & 0 & 0 \\
0 & 0 & 0.3 & 0 \\
0 & 0.8 & 0.2 & 0 \\
0 & 0.1 & 0 & 0.3 \\
0 & 0.1 & 0 & 0
\end{array}\right)
\end{array}
\tag{6.4}
$$

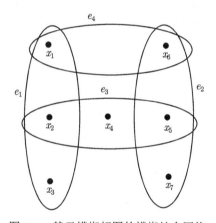

图 6.4　基于模糊超图的模糊社会网络

6.2.2　模糊在线社会网络的结构中心度决策

本节将定义基于模糊超图的模糊在线社会网络的节点中心度 $C_{D_{\mathcal{H}}}(x_i)$、相对节点中心度 $C'_{D_{\mathcal{H}}}(x_i)$、紧密中心度 $C_{C_{\mathcal{H}}}(x_i)$、相对紧密中心度 $C'_{C_{\mathcal{H}}}(x_i)$、间距中心度 $C_{B_{\mathcal{H}}}(x_i)$ 以及相对间距中心度 $C'_{B_{\mathcal{H}}}(x_i)$。

基于模糊社会网络中心度的定义 6.2, 下面给出基于模糊超图的模糊在线社会网络的节点中心度。

定义 6.23   基于模糊超图的模糊社会网络的节点中心度为

$$C_{D_{\mathcal{H}}}(x_i) = \sum_{j=1}^{n} \mu_j(x_i)$$

式中, $C_{D_{\mathcal{H}}}(x_i)$ 表示基于模糊超图的模糊社会网络的节点中心度, x_i 表示模糊社会网络中的一个成员, $\mu_j(x_i)$ 表示节点 x_i 属于边 e_j 的程度, 其中 $i = 1, 2, \cdots, n$, $j = 1, 2, \cdots, m$。

相应地, 下面对相对节点中心度进行定义。

定义 6.24   基于模糊超图的模糊社会网络的相对节点中心度为:

$$C'_{D_{\mathcal{H}}}(x_i) = \frac{\sum\limits_{j=1}^{n} \mu_j(x_i)}{N - 1}$$

式中, $C'_{D_{\mathcal{H}}}(x_i)$ 表示基于模糊超图的模糊社会网络的相对节点中心度, x_i 表示模糊社会网络中的一个成员, $\mu_j(x_i)$ 表示节点 x_i 属于边 e_j 的程度, 其中 $i = 1, 2, \cdots, n$, $j = 1, 2, \cdots, m$, N 表示模糊社会网络的规模, 即模糊社会网络的成员数。

根据社会网络的紧密中心度的定义 (定义 6.13) 和模糊超路的定义 (定义 1.28), 下面给出基于模糊超图的模糊社会网络的紧密中心度的定义。

定义 6.25   基于模糊超图的模糊社会网络的紧密中心度为:

$$C_{C_{\mathcal{H}}}(x_i) = \frac{1}{\sum\limits_{j=1}^{n} d_{\mathcal{H}}(x_i, x_j)}$$

式中, $C_{C_{\mathcal{H}}}(x_i)$ 表示紧密中心度, x_i 表示模糊社会网络中的一个成员, $d_{\mathcal{H}}$ 表示超图中点 x_i 点 x_j 之间的距离, 其中 $i, j = 1, 2, \cdots, n$。

相应地, 下面对相对紧密中心度进行定义。

定义 6.26   基于模糊超图的模糊社会网络的相对紧密中心度为:

$$C'_{C_{\mathcal{H}}}(x_i) = \frac{N - 1}{\sum\limits_{j=1}^{n} d_{\mathcal{H}}(x_i, x_j)}$$

式中, $C'_{C_{\mathcal{H}}}(x_i)$ 表示相对紧密中心度, x_i 表示模糊社会网络中的一个成员, $d_{\mathcal{H}}$ 表示超图中点 x_i 与 x_j 之间的距离, 其中 $i, j = 1, 2, \cdots, n$, N 表示模糊社会网络的规模, 即模糊社会网络的成员数。

根据模糊社会网络间距中心度的定义 6.15 以及模糊超路的定义 1.28, 下面给出基于模糊超图的模糊社会网络的间距中心度。

定义 6.27 基于模糊超图的模糊社会网络的间距中心度为:

$$C_{B_{\mathcal{H}}}(x_i) = \sum_{j \neq k, i \neq j,k} g_{jk}(x_i) / g_{jk}$$

式中,$C_{B_{\mathcal{H}}}(x_i)$ 表示间距中心度,x_i 表示模糊社会网络中的一个成员,$g_{jk}(x_i)$ 表示最短超路 g_{jk} 中包含 x_i 路径的数量,g_{jk} 为网络成员 x_i 所包含的最短模糊超路径的数量,$i,j,k = 1,2,\cdots,n$。

相应地,下面对相对间距中心度进行定义。

定义 6.28 基于模糊超图的模糊社会网络的相对间距中心度为:

$$C'_{B_{\mathcal{H}}}(x_i) = \frac{\displaystyle\sum_{j \neq k, i \neq j,k} g_{jk}(x_i) / g_{jk}}{(N-1) \cdot (N-2)}$$

式中,$C'_{B_{\mathcal{H}}}(x_i)$ 表示相对间距中心度,x_i 为模糊社会网络中的一个成员,g_{jk} 为网络成员 x_j 与 x_k 之间最短超路的数量,$g_{jk}(x_i)$ 表示最短超路 g_{jk} 中包含 x_i 路径的数量,$i,j,k = 1,2,\cdots,n$,N 表示模糊社会网络的规模,即模糊社会网络的成员数。

6.3 实 例 分 析

例 6.5 给出一个模糊在线社会网络的实例。对于模糊在线社会网络,假设有 6 个社会网络成员参与了 6 个版块,用模糊超图 $\mathcal{H} = (X, \mathcal{E})$ 来表示。用顶点表示版块,那么有 $X = \{x_1, x_2, \cdots, x_6\}$,模糊超边集表示社会网络成员,那么有 $\mathcal{E} = \{e_1, e_2, \cdots, e_6\}$,论坛对用户有不同的吸引力,其隶属度如下列矩阵所示:

$$\begin{bmatrix} 0.6 & 0 & 0.2 & 0 & 0 & 0 \\ 0.3 & 0.5 & 0 & 0 & 0.7 & 0 \\ 0.2 & 0.4 & 0 & 0.6 & 0.7 & 0 \\ 0 & 0.1 & 0.8 & 0 & 0 & 0.8 \\ 0 & 0 & 0 & 0.9 & 0 & 0.4 \\ 0.6 & 0 & 0 & 0 & 0 & 0 \end{bmatrix} \quad (6.5)$$

节点中心度 根据定义 6.23,我们可以得到 $C_{D_{\mathcal{H}}}(x_1) = 0.8$,$C_{D_{\mathcal{H}}}(x_2) = 1.5$,$C_{D_{\mathcal{H}}}(x_3) = 1.9$,$C_{D_{\mathcal{H}}}(x_4) = 1.7$,$C_{D_{\mathcal{H}}}(x_5) = 1.3$,$C_{D_{\mathcal{H}}}(x_6) = 0.6$。

相对节点中心度 根据定义 6.24,我们可以得到 $C'_D(x_1) = 0.16$,$C'_D(x_2) = 0.3$,$C'_D(x_3) = 0.38$,$C'_D(x_4) = 0.34$,$C'_D(x_5) = 0.26$,$C'_D(x_6) = 0.12$。

紧密中心度 紧密中心度由两个节点之间的距离所决定。在文献 [114] 中,作者给出一个算法来获得直觉模糊超路的最小弧长,并搜索最短模糊超路。模糊超图是直觉模糊超图的一个特例, 为了得到模糊超图的最小弧长, 本节将使用文献 [114] 中的算法。令 L_i 表示第 i 条模糊超路的弧长。

算法 6.1 算法 6.1 步骤如下:

(1) 计算所有可能模糊超路 L_i 的长度, $i = 1, 2, 3, \cdots, n$, 其中 $L_i = \mu(x_i)$。

(2) 初始化 $L_{min} = \mu(x) = L_1 = \mu(x_i)$。

(3) 设 $i = 2$。

(4) 比较 $\mu(x)$ 与 $\mu(x_i)$ 的隶属度值, 令 $\mu'(x) = \min(\mu(x), \mu(x_i))$。

(5) 设 $L_{min} = \mu'(x)$, 计算方法如步骤 (4)。

(6) $i = i + 1$。

(7) 如果 $i < n + 1$, 转到步骤 (3), 否则停止计算。

利用算法 6.1, 可以得到 $d(x_1, x_2) = 0.9$, $d(x_1, x_3) = 0.8$, $d(x_1, x_4) = 1$, $d(x_1, x_5) = 1.9$, $d(x_1, x_6) = 1.2$。根据定义 6.25, 可以得到 $C_{C_\mathcal{H}}(x_1) = 0.17$。

相似的, 可以计算 $C_{C_\mathcal{H}}(x_2) = 0.2$, $C_{C_\mathcal{H}}(x_3) = 0.22$, $C_{C_\mathcal{H}}(x_4) = 0.24$, $C_{C_\mathcal{H}}(x_5) = 0.11$, $C_{C_\mathcal{H}}(x_6) = 0.17$。

相对紧密中心度 根据定义 6.26, 可以计算 $C'_{C_\mathcal{H}}(x_1) = 0.86$, $C'_{C_\mathcal{H}}(x_2) = 0.98$, $C'_{C_\mathcal{H}}(x_3) = 1.11$, $C'_{C_\mathcal{H}}(x_4) = 1.22$, $C'_{C_\mathcal{H}}(x_5) = 0.57$, $C'_{C_\mathcal{H}}(x_6) = 0.85$。

间距中心度 计算间距中心度, 关键问题是寻找模糊超图的最短模糊超路。有许多文献是研究模糊最短超路算法的, 由于模糊超图是直觉模糊超图的一个特例, 本节使用文献 [114] 中提出的模糊最短超路算法。

算法 6.2 算法 6.2 步骤如下:

(1) 考虑从起始节点到目标节点的所有可能的模糊超路。

(2) 计算每条模糊超路径的长度。

(3) 找到最短模糊超路。

假设我们想找从 x_1 到 x_4 的最短模糊超路, 可以看出有 8 条可能的模糊超路, 分别为:

路径 1: $x_1 \to e_1 \to x_2 \to e_2 \to x_3 \to e_4 \to x_5 \to e_6 \to x_4$。

路径 2: $x_1 \to e_1 \to x_2 \to e_2 \to x_4$。

路径 3: $x_1 \to e_1 \to x_2 \to e_5 \to x_3 \to e_2 \to x_4$。

路径 4: $x_1 \to e_1 \to x_2 \to e_5 \to x_3 \to e_4 \to x_5 \to e_6 \to x_4$。

路径 5: $x_1 \to e_1 \to x_3 \to e_2 \to x_4$。

路径 6: $x_1 \to e_1 \to x_3 \to e_4 \to x_5 \to e_6 \to x_4$。

路径 7: $x_1 \to e_1 \to x_3 \to e_5 \to x_2 \to e_2 \to x_4$。

路径 8: $x_1 \to e_3 \to x_4$。

可以根据算法 6.1 计算出每条路径的精确长度, 见表 6.1。

表 6.1 x_1 到 x_4 的 8 条模糊超路的准确值和排序

路　径	准确值	排　名	路　径	准确值	排　名
P_1	4.5	7	P_5	1.3	2
P_2	1.5	3	P_6	3.5	6
P_3	2.8	4	P_7	2.8	4
P_4	5	8	P_8	1	1

找到最短的模糊超路后，可以根据定义 6.27 得到间距中心度，$C_{B_{\mathcal{H}}}(x_2) = 1$，$C_{B_{\mathcal{H}}}(x_3) = 2$，$C_{B_{\mathcal{H}}}(x_4) = 2$。

相对间距中心度 根据定义 6.28，可以得到 $C'_{B_{\mathcal{H}}}(x_2) = \dfrac{1}{20}$，$C'_{B_{\mathcal{H}}}(x_3) = \dfrac{1}{10}$，$C'_{B_{\mathcal{H}}}(x_4) = \dfrac{1}{10}$。这意味着论坛之间的联系和影响力有 1/10 是通过用户 x_3 和用户 x_4 实现的，1/20 是通过用户 x_2 实现的。

6.4　本　章　小　结

中心性是分析模糊社会网络最重要和最常用的概念工具之一。模糊社会网络分析现在已经形成了多种形式的网络描述方式，而基于图论的图形化表示技术被广泛应用，它是网络基本结构的最直观的表现形式。针对模糊图在描述模糊社会网络节点间多维关系特征方面的局限性，本章中提出了用模糊超图理论构建模糊社会网络模型。在基于模糊社会网络的模糊超图模型中，给出了节点中心度 $C_{D_{\mathcal{H}}}(x_i)$、相对节点中心度 $C'_D(x_i)$、紧密度中心度 $C_{C_{\mathcal{H}}}(x_i)$、相对紧密度中心度 $C'_{C_{\mathcal{H}}}(x_i)$、间距中心度 $C_{B_{\mathcal{H}}}$ 和相对间距中心度 $C'_{B_{\mathcal{H}}}$ 的定义。为了更详细的解释，本章还给出了基于模糊超图的模糊社会网络模型的例子，并计算了例子中的节点中心度、相对节点中心度、紧密度中心度、相对紧密度中心度、间距中心度和相对间距中心度。结果表明，基于模糊超图的模糊社会网络直观地表达了模糊社交网络的规模。

参 考 文 献

[1] Zadeh L A. Fuzzy sets [J]. Information and Control, 1965, 8(3): 338-353.

[2] Yager R R. On Ordered Weighted Averaging Aggregation Operators in Multicriteria Decision Making [J]. IEEE Transactions on Systems, Man, and Cybernetics, 1988, 18: 183-190.

[3] 吴从炘, 马明. 模糊分析学基础 [M]. 北京: 国防工业出版社, 1991.

[4] 张文修. 模糊数学基础 [M]. 西安: 西安交通大学出版社, 1984.

[5] Gong Z T, Zhang L, Zhu X Y. The statistical convergence for sequences of fuzzy-number-valued functions [J]. Information Sciences, 2015, 295: 182-195.

[6] 王国俊. L-fuzzy, 拓扑空间论 [M]. 西安: 陕西师范大学出版社, 1988.

[7] 马骥良, 于纯海. 模糊代数学选论 [M]. 北京: 学苑出版社, 1989.

[8] Rosenfeld A. Fuzzy graphs [J]. Fuzzy Sets and their Applications, 1975, 513: 77-95.

[9] Bhattacharya P. Some remarks on fuzzy graphs [J]. Pattern Recognition Letters, 1987, 6: 297-302.

[10] Mordeson J N, Peng C S. Operations on Fuzzy Graphs [J]. Information Sciences, 1994, 79: 159-170.

[11] Kwang H L, Lee K M. Fuzzy hypergraph and fuzzy partition [J]. IEEE Transactions on Systems Man and Cybernetics, 1995, 25: 196-201.

[12] Goetschel Jr R H. Introduction to fuzzy hypergraphs and Hebbian structures [J]. Fuzzy Sets and Systems, 1995, 76: 113-130.

[13] Chen S M. Interval-valued fuzzy hypergraph and fuzzy partition [J]. IEEE Transactions on Systems Man and Cybernetics, 1997, 27: 725-733.

[14] Akram M. Bipolar fuzzy graphs [J]. Information Sciences, 2011, 181: 5548-5564.

[15] Akram M, Dudek W A. Interval-valued fuzzy graphs [J]. Computers and Mathematics with Applications, 2011, 61: 289-299.

[16] Akram M, Davvaz B. Strong intuitionistic fuzzy graphs [J]. Filomat, 2012, 26: 177-196.

[17] Yang H L, Li S G, Yang W H, et al. Notes on "Bipolar fuzzy graphs" [J]. Information Sciences, 2013, 242: 113-121.

[18] Akram M. Bipolar fuzzy graphs with applications [J]. Knowledge-Based Systems, 2013, 39: 1-8.

[19] Akram M, Dudek W A. Intuitionistic fuzzy hypergraphs with applications [J]. Information Sciences, 2013, 218: 182-193.

[20] 李士勇. 工程模糊数学及应用 [M]. 哈尔滨: 哈尔滨工业大学出版社, 2004.

[21] 张效祥. 计算机科学技术百科全书 [M]. 北京: 清华大学出版社, 1998.

[22] Sun B Z, Mab W M, Chen D G. Rough approximation of a fuzzy concept on a hybrid attribute information system and its uncertainty measure [J]. Information Sciences, 2014, 284: 60-80.

[23] Shi Z H, Gong Z T. Knowledge Reduction and Knowledge Significance Measure Based on Covering Rough Sets [J]. International Journal of Pure and Applied Mathematics, 2008, 48(1): 1-9.

[24] Zaras K. Rough approximation of a preference relation by a multi-attribute stochastic dominance for determinist and stochastic evaluation problems [J]. European Journal of Operational Research, 2004, 159(1): 196-206.

[25] Greco S, Matarazzo B, Slowinski R. Rough sets methodology for sorting problems in presence of multiple attributes and criteria [J]. European Journal of Operational Research, 2002, 138(2): 247-259.

[26] Wille R. Restructuring Lattice Theory: An Approach Based on Hierarchies of Concepts [M]. Berlin: Springer Netherlands, 1982.

[27] Burusco A, Gonzalez R F. The study of the L-fuzzy concept lattice [J]. Mathware and Soft Computing, 1994, 3(1): 209-218.

[28] Poelmans J, Kuznetsov S O, Ignatov D I, et al. Formal concept analysis in knowledge processing: A survey on models and techniques [J]. Expert systems with applications, 2013, 40: 6601-6623.

[29] Shao M W, Yang H Z, Wu W Z. Knowledge reduction in formal fuzzy contexts [J]. Knowledge-Based Systems, 2015, 7: 265-275.

[30] Shao M W, Leung Y, Wang X Z, et al. Granular reducts of formal fuzzy contexts [J]. Knowledge-Based Systems, 2016, 114: 156-166.

[31] Li S T, Tsai F C. A fuzzy conceptualization model for text mining with application in opinion polarity classification [J]. Knowledge-Based Systems, 2013, 39: 23-33.

[32] Franco C, Montero J, Rodriguez J T. A fuzzy and bipolar approach to preference modeling with application to need and desire [J]. Fuzzy Sets and Systems, 2013, 214: 20-34.

[33] Ghosh P, Kundu K, Sarkar Debasis. Fuzzy graph representation of a fuzzy concept lattice [J]. Fuzzy Sets and Systems, 2010, 161: 1669-1675.

[34] Singh P K, Kumar C A. Bipolar fuzzy graph representation of concept lattice [J]. Information Sciences, 2014, 288: 437-448.

[35] Gianpiero C, Giampiero C, Davide C, et al. On the connection of hypergraph theory with formal concept analysis and rough set theory [J]. Information Sciences, 2016, 330: 342-357.

[36] Zadeh L A. Toward a theory of fuzzy information granulation and its centrality in human reasoning and fuzzy logic [J]. Fuzzy sets and systems, 1997, 90(2): 111-127.

[37] Yao Y Y. A partition model of granular computing [J]. Transactions on Rough Sets, 2004, 3100: 232-253.

[38] Zadeh L A. Some reflections on soft computing, granular computing and their roles in the conception, design and utilization of information/ intelligent systems [J]. Soft Computing, 1998, 2(1): 23-25.

[39] Zadeh L A. Fuzzy sets and information Granularity [J]. Advances in Fuzzy Set Theory and Applications, 1979: 3-18.

[40] Pawlak Z. Rough sets [J]. International Journal of Parallel Programming, 1982, 11(5): 341-356.

[41] Slowinski R. Intelligent Decision Support-handbook of Applications and Advances of the Rough Sets Theory [M]. Dordrecht: Kluwer Academic Publishers, 1992.

[42] Gong Z T, Zhang X X. Variable precision intuitionistic fuzzy rough sets model and its application [J]. International Journal of Machine Learning and Cybernetics, 2014, 5(2): 263-280.

[43] Shi Z H, Gong Z T. The further investigation of covering rough sets: uncertainty characterization, similarity measure and applied models [J]. Information Sciences, 2010, 180: 3745-3763.

[44] Pawlak Z, Slowinski R. Decision analysis using rough sets [J]. International Transactions in Operational Research, 1994, 1: 107-114.

[45] Pawlak Z, Slowinski R. Rough set approach to multi-attribute decision analysis [J]. European Journal of Operation Research, 1994, 72: 443-459.

[46] Yahia M E, Mahmod R, Sulaiman N, et al. Rough neural expert systems [J]. Expert Systems with Applications, 2000, 18: 87-99.

[47] Chu X Z, Gao L, Qiu H B, et al. An expert system using rough sets theory and self-organizing maps to design space exploration of complex products [J]. Expert Systems with Applications, 2010, 37: 7364-7372.

[48] Swiniarski R W, Skowron A. Rough set methods in feature selection and recognition [J]. Pattern Recognition Letters, 2003, 24: 833-849.

[49] Gong Z T, Sun B Z. Rough set theory on the interval-valued fuzzy information systems [J]. Information Science, 2008, 178: 1968-1985.

[50] Sun B Z, Gong Z T. Fuzzy rough set theory on the interval-valued fuzzy information systems [J]. Information Science, 2008, 178: 2794-2815.

[51] Chen D G, Kwong S, He Q, et al. Geometrical interpretation and applications of membership functions with fuzzy rough sets [J]. Fuzzy Sets and Systems, 2012, 193: 122-135.

[52] Gong Z T, Zhang X X. The further investigation of variable precision intuitionistic fuzzy rough set model [J]. International Journal of Machine Learning and Cybernetics, 2016, 8(5): 1-20.

[53] Yang Y Y, Chen D G, Wang H, et al. Fuzzy rough set based incremental attribute reduction from dynamic data with sample arriving [J]. Fuzzy Sets and Systems, 2017, 312: 66-86.

[54] Gong Z T, Zhao W, Qi Y, et al. Similarity and (α, β)−equalities of intuitionistic fuzzy choice functions based on triangular norms [J]. Knowledge-Based Systems, 2013, 53: 185-200.

[55] Hobbs J R. Granularity [C]. International Joint Conference on Artificial Intelligence(Morgan Kaufmann Publishers Inc.), 1985: 432-435.

[56] 刘清, 黄兆华. G-逻辑及其归结原理 [J]. 计算机学报, 2004, 27(7): 865-873.

[57] 张铃, 张钹. 问题求解理论与方法 [M]. 北京: 清华大学出版社, 1990.

[58] 李道国, 苗夺谦, 张红云. 粒度计算的理论、模型与方法 [J]. 复旦学报 (自然科学版), 2004, 43(5): 837-841.

[59] 张铃, 张钹. 模糊商空间理论 (模糊粒度计算方法) [J]. 软件学报, 2003, 14(4): 770-776.

[60] Zhang L, Zhang B. Fuzzy reasoning model under quotient space structure [J]. Information Sciences, 2005, 173: 353-364.

[61] Giunchiglia F, Walsh T. A theory of abstraction [J]. Artificial Intelligence, 1992, 57(2-3): 323-389.

[62] Yao Y Y. Relational interpretations of neighborhood operators and rough set approximation operators [J]. Information Sciences, 1998, 111(1-4): 239-259.

[63] Yao Y Y. Granular computing using neighborhood systems [J]. Advances in Soft Computing, 1999: 539-553.

[64] Yao Y Y. Information granulation and rough set approximation [J]. International Journal of Intelligent Systems, 2001, 16(1): 87-104.

[65] Yao Y Y. Three perspectives of granular computing [J]. Journal of Nanchang Institute of Technology, 2006, 25(2): 16-21.

[66] Yao Y Y, Zhong N. Granular computing using information tables [C]. Data Mining, Rough Sets and Granular Computing(Springer-Verlag, Berlin, Heidelberg), 2002: 102-124.

[67] Pedrycz W. Granular computing: Analysis and design of intelligent systems [M]. Boca Raton: CRC Press, 2013.

[68] Bisi C, Chiaselotti G, Ciucci D, et al. Micro and macro models of granular computing induced by the indiscernibility relation [J]. Information Sciences, 2017, 388-389: 247-273.

[69] Pedrycz W, Bargiela A. Granular clustering: A granular signature of data [J]. IEEE Transactions on Systems, Man, and Cybernetics, 2002, 32(2): 212-224.

[70] Stepaniuk J. Rough-Granular Computing in Knowledge Discovery and Data Mining [M]. Berlin: Springer-Verlag, 2008.

[71] Yao Y Y. The art of granular computing [C]. Proceeding of International Conference on Rough Sets and Intelligent Systems Paradigms(LNAI), 2007, 4585: 101-112.

[72] Zadeh L A. Fuzzy logic equals computing with words [J]. IEEE Transactions on Fuzzy Systems, 1996, 4(2): 103-111.

[73] Kryszkiewicz M. Rough set approach to incomplete information systems [J]. Information Sciences, 1998, 112(1-4): 39-49.

[74] Qian Y, Liang J, Yao Y, et al. MGRS: A multi-granulation rough set [J]. Information Sciences, 2010, 180(6): 949-970.

[75] Chiaselotti G, Ciucci D, Gentile T. Simple graphs in granular computing [J]. Information Sciences, 2016, 340: 279-304.

[76] Chiaselotti G, Gentile T, Infusino F, et al. The adjacency matrix of a graph as a data table: A geometric perspective [J]. Annali di Matematica Puraed Applicata, 2017, 196: 1073-1112.

[77] Chen J, Li J. An application of rough sets to graph theory [J]. Information Sciences, 2012, 201: 114-127.

[78] Liu Q, Jin W B, Wu S Y, et al. Clustering research using dynamic modeling based on granular computing [C]. IEEE International Conference on Granular Computing, 2005: 539-543.

[79] Wong S K M, Wu D. Automated mining of granular database scheme [C]. IEEE International Conference on Fuzzy Systems, 2002: 690-694.

[80] Chen G, Zhong N, Yao Y. A hypergraph model of granular computing [C]. IEEE International Conference on Granular Computing, 2008: 130-135.

[81] Stell J G. Granulation for Graphs [J]. Lecture Notes in Computer Science, 1999, 1661: 417-432.

[82] Stell J G. Relational Granularity for Hypergraphs[C]. Rough Sets and Current Trends in Computing(Poland, June 28-30, 2010), 2010, 6086: 267-276.

[83] Chen J K, Mi J S, Lin Y J. A graph approach for knowledge reduction in formal contexts [J]. Knowledge-Based Systems, 2018, 148: 177-188.

[84] Neumann B J V, Morgenster O. Theory of games and economic behavior [M]. Theory of games and economic behavior. Princeton University Press, 1953: 2-14.

[85] Aubin J P. Coeur et valeur des jeux flous àpaiements lateraux [C]. Comptes Rendus Hebdomadaires des Séances de 1' Académie des Sciences, 1974, A(279): 891-894.

[86] Aubin J P. Cooperative fuzzy games [J]. Mathematical Operation Research, 1981, 6: 1-13.

[87] Sakawa M, Nishizaki I. A Solution Concept Based on Fuzzy Decision in n-person Cooperative Games [C]. Proceeding of Cybernetics and Systems Research(New Jersey USA: World Scientific Publishing), 1992.

[88] Shapley L S. A value for n-person games [J]. Annals of Mathematics Studies, 1953, 28: 307-317.

[89] Butnariu D. Fuzzy games: A description of the concept [J]. Fuzzy Sets and Systems, 1978, 1: 181-192.

[90] Butnariu D. Stability and Shapley value for an n-person fuzzy game [J]. Fuzzy Sets and Systems, 1980, 4: 63-72.

[91] Butnariu D, Klement E P. Core, value and equilibria for market games: On a problem of Aumann and Shapley [J]. International Journal of Game Theory, 1996: 149-160.

[92] Mares M. Fuzzy coalition structure [J]. Fuzzy Sets and Systems, 2000, 114(1): 23-33.

[93] Tsurumi M, Tanino T, Inuiguchi M. Theory and methodology—A Shapley function on a class of cooperative fuzzy games [J]. European Juurnal of Operational Research, 2001, 129(3): 596-618.

[94] Mares M. Fuzzy Cooperative Games: Cooperation with Vague Expectations [M]. Physica-Verlag: A Springer-Verlag Company, 2001.

[95] 黄礼健, 吴祈宗, 张强. 联盟收益值为区间数的 n 人合作博弈的解 [J]. 中国管理科学, 2006(14): 140-143.

[96] 黄礼健, 吴祈宗, 张强. 具有模糊联盟值的 n 人合作博弈的模糊 Shapley 值 [J]. 北京理工大学学报, 2007, 27(8): 740-744.

[97] 逢金辉, 张强. 博弈联盟模糊收益的分配 [J]. 数学的实践与认识, 2008, 38(17): 206-213.

[98] Li S J, Zhang Q. A reduced expression of the Shaple function for fuzzy game [J]. European Journal of Operational Research, 2009, 196(1): 234-245.

[99] 占家权, 张强. 一类模糊合作博弈资源与收益分配研究 [J]. 运筹与管理, 2010, 19(2): 8-12.

[100] 谭春桥. 基于 Choquet 延拓具有区间模糊联盟 n 人对策的 Shapley 值 [J]. 系统工程学报, 2010, 25(4): 451-458.

[101] Myerson R B. Graphs and Cooperation in Games [J]. Discussion Papers, 1976, 2(3): 17-22.

[102] Faigle U, Kern W. The Shapley value for cooperative games under precedence constraints [J]. International Journal of Game Theory, 1992, 21(3): 249-266.

[103] Gilles R P, Owen G, Brink R V D. Games with permission structures: The conjunctive approach [J]. International Journal of Game Theory, 1992, 20(3): 277-293.

[104] Lindelauf R H A, Hamers H J M, Husslage B G M. Cooperative game theoretic centrality analysis of terrorist networks: The cases of Jemaah Islamiyah and Al Qaeda [J]. European Journal of Operational Research, 2013, 229(1): 230-238.

[105] Weerdt M M, Zhang Y, Klos T. Multiagent task allocation in social networks [J]. Autonomous Agents and Multi-Agent Systems, 2012, 25(1): 46-86.

[106] Skyrms B, Pemantle R. A dynamic model of social network formation [M]. Berlin: Springer, 2009: 231-251.

[107] Pemantle R, Skyrms B. Network formation by reinforcement learning: the long and medium run [J]. Mathematical Social Sciences, 2004, 48(3): 315-327.

[108] Patel P, Rahimi S. http://purvag.com/files/Fuzzy%20Social%20Networks%20-%20Initial%20Draft.pdf.

[109] Nair P S, Sarasamma S T. Data mining through fuzzy social network analysis [C]. Fuzzy Information Processing Society(NAFIPS'07), 2007: 251-255.

[110] Cirica M, Bogdanovic S. Fuzzy social network analysis [J]. Godisnjak Uciteljskog fakultetau Vranju, 2010, 1: 179-190.

[111] 廖丽平, 胡仁杰. 基于模糊图的模糊社会网络定义及其性质分析 [J]. 广东工业大学学报 (社会科学版), 2012, 12(3): 46-51.

[112] Sunitha M S, Vijaya A. Complement of a fuzzy graph [J]. Indian Journal of Pure and Applied Mathematics, 2002, 33: 1451-1464.

[113] Goetschel Jr R H, Voxman W. Intersecting fuzzy hypergraphs [J]. Fuzzy Sets and Systems, 1998, 99(1): 81-96.

[114] Rangasamy P, Akram M, Thilagavathi S. Intuitionistic fuzzy shortest hyperpath in a network [J]. Information Processing Letters, 2013, 113(17): 599-603.

[115] 余彬. 模糊超图的分解定理和表现定理 [J]. 迁宁师范大学学报 (自然科学版), 1992, 15: 281-285.

[116] Borkotokey S. Cooperative games with fuzzy coalitions and fuzzy characteristic functions [J]. Fuzzy Sets and Systems, 2008, 159: 138-151.

[117] Bhutani K R. On automorphisms of fuzzy graphs [J]. Pattern Recognition Letters, 1989, 9(3): 159-162.

[118] Mordeson J N, Nair P S. Fuzzy Graphs and Fuzzy Hypergraphs [M]. Heidelberg: Physica-Verlag, 2000.

[119] Bhutani K R, Battou A. On M-strong fuzzy graphs [J]. Information Sciences, 2003, 155(1): 103-109.

[120] Akram M, Akmal R. Operations on intuitionistic fuzzy graph structures [J]. Fuzzy Information and Engineering, 2016, 8(4): 389-410.

[121] Akram M. Bipolar fuzzy graphs [J]. Information Sciences, 2011, 181(24): 5548-5564.

[122] Mishra S N, Pal A. Product of interval valued intuitionistic fuzzy graph [J]. Annals of Pure and Applied Mathematics, 2013, 5(1): 37-46.

[123] Berge C. Hypergraphs: Combinatorics of Finite Sets [M]. Amsterdam: North-Holland, 1989.

[124] Ostermeier L, Hellmuth M, Stadler P F. The Cartesian Product of Hypergraphs [J]. Journal of Graph Theory, 2012, 70: 180-196.

[125] Hellmuth M, Ostermeier L, Stadler P F. A Survey on Hypergraph Products [J]. Mathematics on Computer Science, 2012, 6: 1-32.

[126] Hellmuth M, Noll M, Ostermeier L. Strong products of hypergraphs: Unique prime factorization theorems and algorithms [J]. Discrete Application Mathematics, 2014, 171: 60-71.

[127] Gong Z T, Wang Q. Some operations on fuzzy hypergraphs [J]. Ars Combinatoria, 2017, 132: 203-217.

[128] Wille R. Formal concept analysis as mathematical theory of concepts and concept hierarchies [J]. Formal Concept Analysis, 2005, 3626: 1-33.

[129] Quan T T, Hui S C, Cao T H. A Fuzzy FCA-based Approach for citation-based document retrieval [C]. IEEE Conference on Cybernetics and Intelligent Systems(Singapore, 2004), 2004: 578-583.

[130] Yao Y Y, Chen Y. Rough Set Approximations Informal Concept Analysis [M]. Heidelberg: Springer-Verlag, 2006: 285-305.

[131] Lai H L, Zhang D X. Concept lattices of fuzzy contexts: Formal concept analysis vs. rough set theory [J]. International Journal of Approximate Reasoning, 2009, 50(5): 695-707.

[132] Mi J S, Leung Y, Wu W Z. Approaches to attribute reduction in concept lattices induced by axialities [J]. Knowledge-Based Systems, 2010, 23(6): 504-511.

[133] Chen J, Li J, Lin Y, et al. Relations of reduction between covering generalized rough sets and concept lattices[J]. Information Sciences, 2015, 304: 16-27.

[134] Chen D G, Zhang X X, Li W L. On measurements of covering rough sets based on granules and evidence theory [J]. Information Sciences, 2015, 317: 329-348.

[135] Colomb P, Nourine L. About keys of formal context and conformal hypergraph [C]. Formal Concept Analysis International Conference(Canada, February 25-28, 2008), 2008, 4933: 140-149.

[136] Stell J G. Formal concept analysis over graphs and hypergraphs [J]. Graph Structures for Knowledge Representation and Reasoning, 2014, 8323: 165-179.

[137] Gong Z T, Wang Q. On the Connection of Fuzzy Hypergraph with Fuzzy Information System [J]. Journal of Intelligent and Fuzzy Systems, 2017, 33: 1665-1676.

[138] Carmen D M, Giuseppe F, Vincenzo L, et al. Hierarchical web resources retrieval by exploiting fuzzy formal concept analysis [J]. Information Processing and Management, 2012, 48: 399-418.

[139] Pawlak Z, Sowinski R. Rough set approach to multi-attribute decision analysis [J]. European Journal of Operational Research, 1994, 72(3): 443-459.

[140] 陈光, 钟宁, 姚一豫, 等. 粒计算中粒度转换的运算符 [J]. 计算机科学, 2011, 38: 209-212.

[141] Slezak D, Wasilewski P. Granular Sets-Foundations and Case Study of Tolerance Spaces [C]. International Conference on Rough Sets, 2009, 4482: 435-442.

[142] Wang Q, Gong Z T. An application of fuzzy hypergraphs and hypergraphs in granular computing [J]. Information Sciences, 2018, 429: 296-314.

[143] Zhang B, Zhang L. Theory and Applications of Problem Solving [M]. Amsterdam: North-Holland, 1992.

[144] 张钹, 张铃. 问题求解理论及应用 [M]. 北京: 清华大学出版社, 1990.

[145] Zhang L, Zhang B. A quotient space approximation model of multiresolution signal analysis [J]. Journal of Computer Science and Technology, 2005, 20(1): 90-94.

[146] 徐峰, 张铃. 基于商空间的非均匀粒度聚类分析 [J]. 计算机工程, 2005, 31(3): 26-28.

[147] 张昊, 吴涛, 王伦文, 等. 商空间粒度计算理论在数据库和数据仓库中应用 [J]. 计算机工程与应用, 2003, 39(17): 47-49.

[148] 毛军军, 郑婷婷, 张铃. 基于商空间理论的生物序列比较模型 [J]. 计算机工程与应用, 2004, 40(34): 15-17.

[149] 张钹, 张铃. 模糊商空间理论 (模糊粒度计算方法)[J]. 软件学报, 2003, 14(4): 770-776.

[150] Lee H S. An optimal algorithm for computing the max-min transitive closure of a fuzzy similarity matrix [J]. Fuzzy Sets and Systems, 2001, 123: 129-136.

[151] Zhang Q H, Xu K, Wang G Y. Fuzzy equivalence relation and its multigranulation spaces [J]. Information Sciences, 2016, 346: 44-57.

[152] Giunchglia F, Walsh T. A theory of abstraction [J]. Artificial Intelligence, 1992, 56: 323-390.

[153] Euzenat J. Granularity in relational formalisms with application to time and space representation [J]. Computational Intelligence, 2001, 17: 703-737.

[154] Zhang L, Zhang B. The quotient space theory of problem solving [J]. Fundamenta Informaticae, 2004, 59: 11-15.

[155] Butnariu D, Kroupa T. Shapley mappings and the cumulative value for n-person games with fuzzy coalitions [J]. European Journal of Operational Research, 2008, 186(1): 288-299.

[156] Van der Laan G, Van den Brink R. Axiomatizations of a class of share functions on n-person games [J]. Theory Decision, 1998, 44: 117-148.

[157] Van den Brink R, Van der Laan G. A class of consistent share functions for games in coalition structure [J]. Games and Economic Behavior, 2005, 51: 193-212.

[158] Alvarez Mozos M, Van den Brink R, Van der Laan G, et al. Share functions for cooperative games with levels structure of cooperation [J]. European Journal of Operational Research, 2013, 244: 167-179.

[159] Gong Z T, Wang Q. Fuzzy share functions for cooperative fuzzy games [J]. Journal of Computational Analysis and Applications, 2016, 21(3): 597-607.

[160] Negoita C V, Ralescu D A. Application of fuzzy sets to system ananlysis [M]. New York: Wiley, 1975.

[161] 曹炳元. 应用模糊数学与系统 [M]. 北京: 科学出版社, 2005.

[162] Dubois D, Kerre E, Mesiar R, et al. Fuzzy interval analysis [J]. Fundamentals of Fuzzy Sets, 2000, 7: 483-581.

[163] Hukuhara M. Integration des applications mesurables dont la valeur est un compact convex [J]. Funkcialaj Ekvacioj, 1967, 10: 205-229.

[164] Puri M L, Ralescu D A. Differentials of fuzzy functions [J]. Journal of Mathematical Analysis and Applications, 1983, 91(2): 552-558.

[165] Stefanini L, Bede B. Generalized Hukuhara differentiability of interval-valued functions and interval differential equations [J]. Nonlinear Analysis, 2009, 71(3-4): 1311-1328.

[166] Myerson R B. Graphs and cooperation in games [J]. Mathematics of operations research, 1977, 2(3): 225-229.

[167] Campos L, Verdegay J L. Linear programming problems and ranking of fuzzy numbers [J]. Fuzzy Sets and Systems, 1989, 32: 1-11.

[168] Yu X H, Zhang Q. An extension of cooperative fuzzy games [J]. Fuzzy Sets and Systems, 2010, 161: 1614-1634.

[169] Lorrain F, White H C. Structural equivalence of individuals in social networks [J]. The Journal of Mathematical Sociology, 1971, 1(1): 49-80.

[170] White D R, Reitz K P. Graph and semigroup homomorphisms on networks of relations [J]. Social Networks, 1983, 5(2): 193-234.

[171] Fan T F, Liau C J, Lin T Y. A theoretical investigation of regular equivalences for fuzzy graphs [J]. International Journal of Approximate Reasoning, 2008, 49(3): 678-688.

[172] Fan T F, Liau C J, et al. Positional analysis in fuzzy social networks [C]. In: Grc. IEEE Computer Society, 2007: 423.

[173] 廖丽平, 胡仁杰, 张光宇. 模糊社会网络的中心度分析方法 [J]. 模糊系统与数学, 2013, 27(2): 169-176.

[174] 肖玉芝, 赵海兴. 基于超图理论的在线社会网络用户行为分析 [J]. 计算机应用与软件, 2014, 31(7): 50-54.